INVENTAIRE
V29692

I0040928

FERRET 1974

PUBLICATIONS INDUSTRIELLES DE E. LACROIX

TRAITÉ PRATIQUE

DE LA CONSTRUCTION

DES CHEMINS DE FER

A CHEVAUX

TRAMWAYS OU CHEMINS DE FER AMÉRICAINS

PAR

M. le Comte A. D'ADHÉMAR

INGÉNIEUR CIVIL

ANCIEN ÉLÈVE DE L'ÉCOLE POLYTECHNIQUE

PARIS

LIBRAIRIE SCIENTIFIQUE, INDUSTRIELLE ET AGRICOLE

E. LACROIX

ANCIENNE MAISON MATHIAS

15 QUAI MALAQUAIS, 15

1860

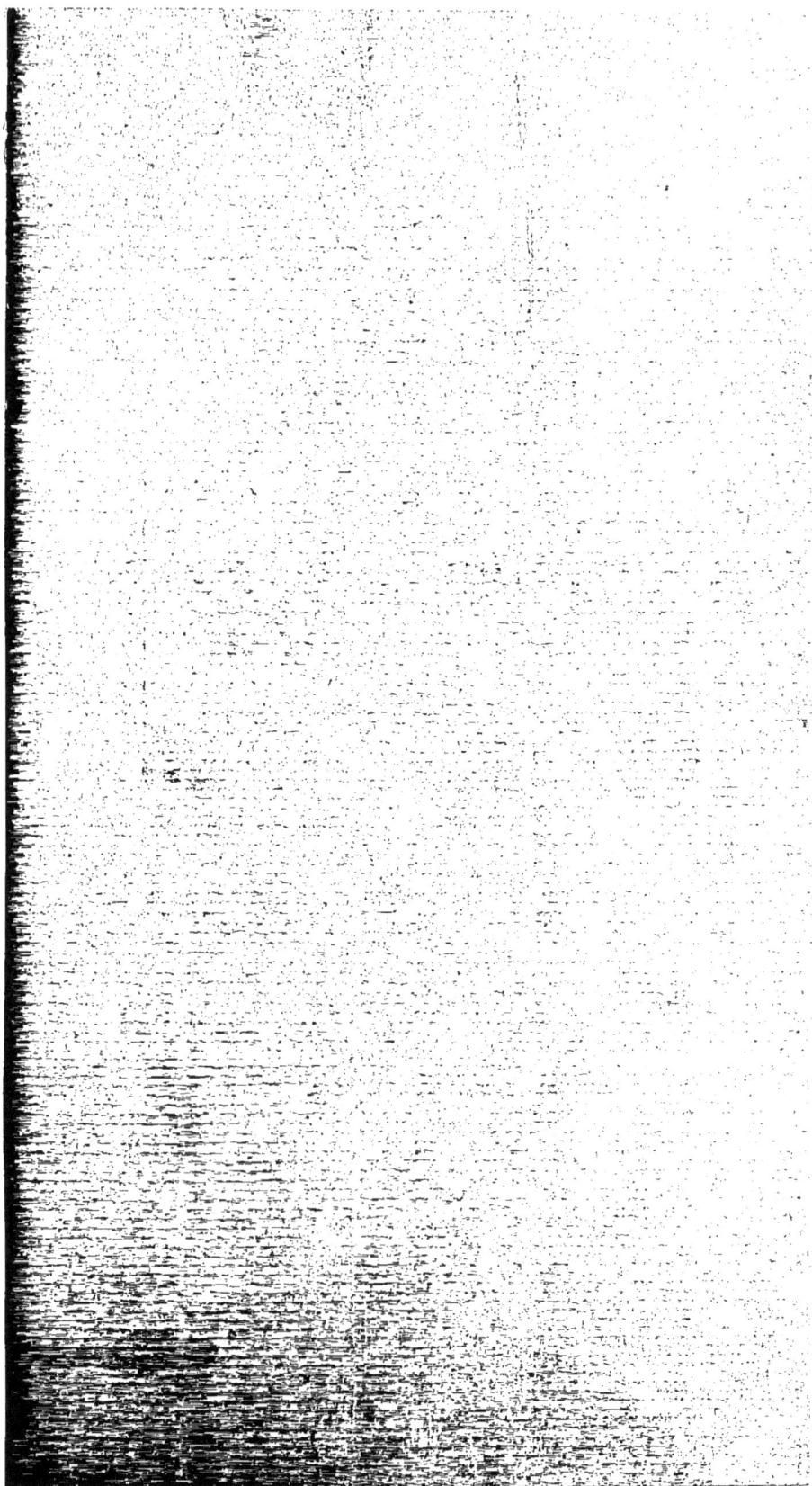

TRAITÉ

DES

CHEMINS DE FER AMÉRICAINS

Corbeil, typographie de Crété.

TRAITÉ PRATIQUE

DE LA CONSTRUCTION

DES CHEMINS DE FER

A CHEVAUX

TRAMWAYS OU CHEMINS DE FER AMÉRICAINS

PAR

M. le Comte A. D'ADHÉMAR

INGÉNIEUR CIVIL

ANCIEN ÉLÈVE DE L'ÉCOLE POLYTECHNIQUE

PARIS

LIBRAIRIE SCIENTIFIQUE, INDUSTRIELLE ET AGRICOLE

E. LACROIX

RÉUNION DE L'ANCIENNE MAISON MATHIAS ET DU COMTOIR DES IMPRIMEURS

15, QUAI MALAQUAIS, 15

1860

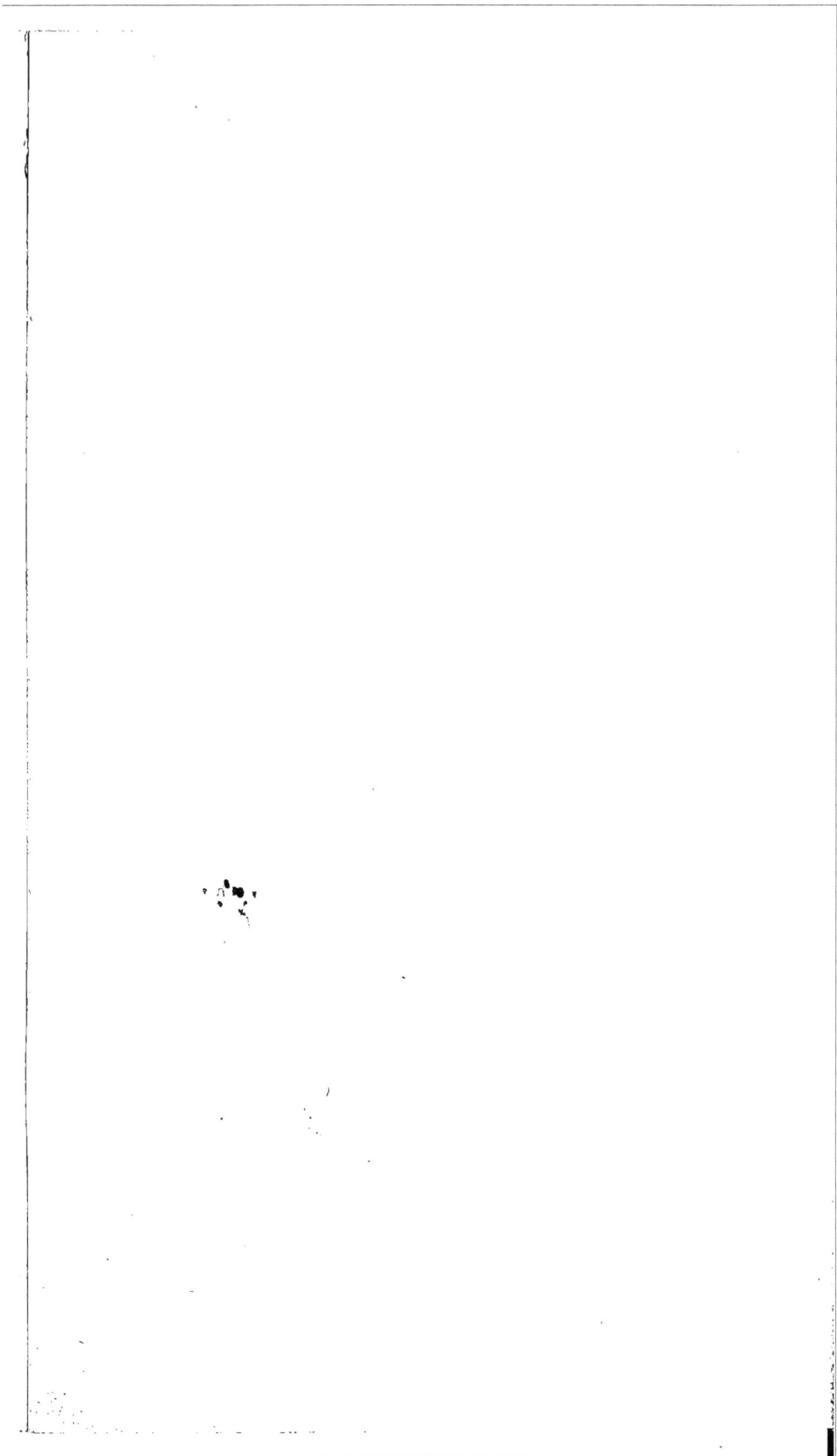

INTRODUCTION.

Si l'on veut bien examiner avec quelque attention les comptes rendus des chemins de fer des États Sardes, l'on ne tardera pas à s'apercevoir que, malgré les augmentations annuelles du revenu de ces chemins, le résultat est loin cependant des espérances qu'on en avait d'abord conçues. S'il est permis à quelques-unes de ces entreprises d'attribuer à leurs actionnaires plus du 6 p. 100 du capital, cela tient plutôt à l'économie qui a présidé à leur construction, qu'au bénéfice d'un succès incontestable.

Les cinq lignes exploitées par l'État :

1° Ligne de Turin à Gênes;
2° » de Alexandrie à Novare;
3° » de Suse;
4° » de Pignerol;
5° » de Vigevano;

ont produit en 1854 une moyenne de fr. 27, 968 50 par kilomètre.

La même année, la moyenne des chemins de fer français était de 45,025 francs (rapport de M. Magne); en 1855, elle s'est élevée à 53,340 francs.

La moyenne kilométrique du chemin de fer de Coni de 1855 semble avoir été de 18,000 fr, en chiffres ronds.

Le produit des voyageurs est assez satisfaisant sur les lignes des États Sardes; mais celui des marchandises, sauf pour la grande ligne d'État de Gênes, où le mouvement est plus complet, laisse encore beaucoup à désirer (1).

(1) En 1856 le produit kilométrique des deux lignes royales de Gênes à Turin et d'Alexandrie à Arona (ensemble 268 kilomètres environ), a été de 36,419 francs.

Ainsi, le produit des marchandises de la ligne de Coni, qui est réputée la meilleure après celle de Gênes, est évalué à : (1855)

marchandises à grande vitesse	fr.	59,977	62
id. à petite vitesse.	»	411,444	68
TOTAL. . .	fr.	471,422	30

Ce qui fait par kilomètre sur 87 kil. de parcours : 5,420 fr. environ. C'est peu.

Il y a donc pour cette catégorie de produit des améliorations considérables à réaliser. Car toute ligne a le droit d'espérer que le produit des marchandises égale celui des voyageurs, ou forme au moins le 40 p. 100 de la recette brute.

D'après quelques informations que nous avons pu prendre, il semblerait que l'antique charrette ne cesserait pas de faire concurrence à la fulgurante locomotive pour le transport de la grosse marchandise, charbon, matériaux divers, bois, blé, etc.

Ainsi les routes ordinaires, au lieu d'être dans ce cas les auxiliaires des chemins de fer, en sont au contraire les antagonistes, antagonistes d'autant plus dangereux, que le parcours limité des lignes secondaires en Piémont ne décide pas la question d'une manière tranchée en faveur des voies ferrées.

Le grand avenir du chemin de fer de Coni est au delà des Alpes, non pas du côté de Savone qui est trop près de Gênes, mais à Nice et dans la direction du col de Tende.

Si on perce ce col, on arrive par la Roya à Vintimille, plage inhospitalière, il est vrai, mais qui peut être aisément mise en communication avec Mentone, la meilleure rade de Gênes à Marseille, Mentone, où il serait même facile de construire à peu de frais un port excellent, dont l'entrée serait possible avec tous les vents.

Cependant pour arriver à Nice, la route la plus courte, nous ne disons pas la moins dispendieuse, serait de passer de la vallée de la Stura dans la vallée de la Tinea, car par le col de Tende on tombe, comme on vient de le voir, dans la Roya, qui est séparée de Nice par une succession de contre-forts remplis d'obstacles sérieux.

Nous croyons la première ligne, celle de la Roya vers Vintimille, bien préférable, parce que, sans parler de la Méditerranée qui est le réservoir commun, elle a dans la rivière du Ponent un rayon d'émergence qui s'étend de Vintimille à l'est jusque par delà Saint-Rème, Port-Maurice et Oneille, et à l'ouest jusqu'à la frontière française.

La seconde ligne, celle de la Tinea, s'arrête à Nice, comté isolé, cerné d'un côté par la frontière française et de l'autre par les escarpements de Villefranche et de la Turbie.

Le port de Nice est d'ailleurs lui-même d'une étendue très-limitée. Au milieu des roches qui le cernent, il est peu susceptible d'extension. L'entrée en est périlleuse; à moins de calme on ne peut que difficilement y chercher un refuge, et une fois dedans, on en sort plus difficilement encore.

Le chemin de fer, avec Mentone et Villefranche, pourrait bien se passer de Nice, mais avec Nice seulement il regretterait bientôt Villefranche et Mentone.

Le développement rationnel du parcours des chemins de fer des États Sardes les placerait naturellement dans des conditions de transport, à n'avoir plus rien à redouter de la concurrence de la simple charrette.

Nous entendons par le développement rationnel, celui qui porte les extrémités d'un chemin de fer précisément aux deux centres d'exportation et d'importation les plus importants d'une même direction et suffisamment éloignés pour rendre impossible au charroi ordinaire, à cause de la longueur des étapes, de pouvoir baisser les prix de transport au-dessous du tarif de la voie ferrée.

Rester en deçà de ce développement rationnel, c'est se soumettre à une lutte peu profitable; pousser au delà d'une manière exagérée, c'est se jeter dans des appendices qui surchargent la ligne première sans un accroissement notable de transports ni de produit.

Nous pourrions à l'appui de cette proposition citer des faits statistiques nombreux. Mais cela nous conduirait trop loin. Nous nous contenterons de rapporter seulement l'exemple des chemins de fer anglais, dont le dividende des principales lignes avait été croissant avec un certain développement de ces lignes et qui ensuite avec un développement plus considérable, est tombé du 10 p. 100 au-dessous même du 5 p. 100.

Mais outre les avantages qui peuvent résulter, pour une artère principale de chemin de fer, de son développement rationnel, il en est aussi d'accessoires qui dépendent des affluents qui aboutissent à cette artère.

Ces avantages accessoires méritent assurément de la part des compagnies la plus sérieuse attention. Ils doivent être l'objet d'une étude constante.

Les affluents qui aboutissent à l'artère principale sont naturellement formés par les routes diverses ordinaires, qui se ramifient des diverses stations de la ligne, pour mettre les vallées secondaires en communication avec ces stations.

Dans l'état actuel des choses, il ne paraît pas que ces routes secondaires soient d'un grand secours aux chemins de fer, du moins quant aux marchandises.

Ces routes se sont au contraire posées en concurrentes, comme nous l'avons déjà dit.

Si le producteur veut faire transporter sur une ramification de l'artère principale, un produit quelconque jusqu'à la prochaine station de cette artère, il est obligé d'avoir recours à un charretier pour intermédiaire. Le charretier lui demandera pour le parcours de ce tronçon un prix énorme, calculé de manière, que le producteur pourra établir un compte composé, par exemple, des éléments suivants :

Transport de la commune N... à la station A... du chemin de fer, par quintal	fr.	4	»
Déchargement à la station	»	0	50
Transport sur le chemin de fer jusqu'à Turin . .	»	2	»
Transport de l'embarcadère à domicile	»	0	50
TOTAL	fr.	7	00

En même temps le charretier offrira de faire directement le transport de la commune N... à Turin, marchandise rendue sans transbordement à domicile, pour le prix de fr. 6 50 et même pour 6 fr. le quintal.

Le charretier prendra à Turin des retours pour le même prix ou à plus bas prix encore.

Il est évident que dans ce conflit le chemin de fer aura tort et que les ramifications ne pourront guère, sur un pareil pied, être d'aucun secours notable à l'artère principale.

Mais il est un moyen de rattacher ces ramifications à l'artère principale et d'en faire comme autant de vassales et de dépendances.

La solution de ce problème réside, à notre avis, dans la construction de chemins de fer à chevaux.

Il est plus que douteux que les ramifications à locomotives puissent apporter à la ligne mère assez d'avantage pour compenser les dépenses qu'exigent leur construction d'abord et leur exploitation ensuite. Chaque kilomètre de voie dévore des centaines de mille francs, oblige à un matériel roulant très-dispendieux et à une armée d'employés.

Nous ne sachions pas que l'embranchement de Vigevano, par exemple, soit d'un grand secours au chemin d'État d'Alexandrie à Novare, ni que les augmentations apportées à la ligne de Coni par celui de Bra, soient de nature à satisfaire les promoteurs de ce rameau et l'artère dont il dépend.

Nous croyons qu'avec des ramifications de chemins de fer à chevaux, autrement dits tram-ways ou tram-roads, du nom de leur inventeur, on peut s'assurer de tous les produits des lignes accessoires à la ligne principale, sans crainte de les voir absorbés en même temps par les frais d'une entreprise écrasée sous ses charges.

Nous trouvons une preuve à l'appui de ces considérations dans l'exemple comparatif de l'Amérique et de l'Angleterre.

En Angleterre on a voulu ramifier les lignes principales avec le système dispendieux de ces mêmes lignes, c'est-à-dire avec la locomotive et tout ce que celle-ci entraîne après elle. Le revenu des actionnaires a baissé de moitié.

En Amérique, au contraire, on a ramifié avec de simples tramways. Le produit kilométrique des lignes mères a monté rapidement.

Aussi le nombre de ces chemins secondaires s'accroît-il chaque jour dans les États-Unis. Le seul État de New-York possède déjà 19 de ces chemins formant un total de 30000 kilomètres environ, et rapportant à leurs actionnaires plus du 10 p. 100 du capital.

Ce sont là des antécédents concluants et qui ne peuvent plus laisser aucun doute sur le choix du système à adopter dans la question si importante des ramifications des chemins de fer.

DIVERS SYSTÈMES DE TRAMWAYS.

Il y a plusieurs systèmes de tramways ; mais on peut les classer en deux seules catégories : les tramways à ornière ou à niveau et les tramways à rails à peu près plats.

Il y en a encore une autre catégorie, qui cherche à se faire adopter et qui tient à la fois des deux précédents systèmes : c'est le rail plat à bourrelets et mieux encore le rail légèrement concave.

Le système à niveau est généralement admis en Amérique. Il a reçu en France, à Paris même, une application modifiée connue sous le nom de système Loubat.

Le second système a été préconisé surtout par M. Henry, inspecteur du chemin de fer de Paris à Strasbourg. Déjà depuis longtemps on se servait dans les mines d'un rail plat, dont la figure  donne une idée, et qui est armé sur un de ses côtés d'un rebord en équerre. Ce rebord a pour objet de retenir les terres de la chaussée et tout à la fois de préserver la roue du wagon contre le déraillement. Cette roue porte d'ailleurs sur le rail plat et est exempte de mentonnet.

M. Henry, comme nous le verrons plus tard, a perfectionné ce système. Son tramway a été expérimenté à Nancy et établi, je crois, sur une longueur de 25 kilomètres de Strasbourg à Mutzig.

Les *figures* 1, 2 et 3 représentent trois variétés de tramways à ornière ou à niveau.

Les tramways à niveau peuvent être traversés par des voitures quelconques en un point quelconque de leur parcours.

Leur établissement sur les bas côtés des routes ordinaires ne présente donc aucun obstacle. Nous pensons même qu'on pourrait les établir au milieu de la chaussée sans inconvénient pour le roulage habituel.

Les tramways à ornière exigent des roues à mentonnet.

La *fig.* 1 représente le système Loubat. Le rail repose sur des longrines en bois, qui sont elles-mêmes maintenues de distance en distance par des traverses.

La *fig.* 2 représente une variété de tramway à ornière, sans longrines.

La *fig.* 3 est une autre variété de la même catégorie, sans longrines aussi.

Ces deux dernières variétés ont été proposées également par M. Henry, en même temps que son système de rails plats. La suppression des longrines est une des modifications principales introduites par M. Henry dans son système de rails plats et appliquée aux rails à ornière.

La *fig.* 19 est le gabarit du rail à ornière anglais avec sa selle.

La *fig.* 4 donne le système de M. Henry proprement dit.

Nous commencerons par entrer dans quelques détails sur le système Henry à rail plat.

SYSTÈME HENRY A RAIL PLAT.

Le rail de M. Henry est en fer laminé (*fig.* 5, 6 et 7), il est courbé à ses deux extrémités de manière à former une espèce de Z couchée (ı—ˡ). La saillie A (*fig.* 5), qui surmonte ce rail du côté de la voie, sert à maintenir les roues, qui sont à jante plate et à contenir en outre le macadame de la chaussée. Quant à l'autre saillie B, semblable à la première, mais qui est tournée en sens inverse, elle a pour objet de donner plus de stabilité au système et permet en outre de retourner le rail, lorsqu'il est usé sur sa face supérieure.

Le rail de M. Henry est posé tout simplement sur un ballast en sable comprimé de 25 centimètres de largeur sur une profondeur à peu près équivalente (*fig.* 4, 6 et 7).

Toutefois il repose encore sur les plaques d'assemblage C D des bouts de rails, et qui sont légèrement ployées vers leur milieu I (*fig.* 5), de manière à donner aux rails qui reposent sur elle une légère inclinaison de $0^m,05$ vers l'extérieur.

Cette inclinaison facilite l'écoulement des eaux et de la boue. Les plaques d'assemblage sont recourbées dans la chaussée sur l'un de leurs côtés DE, comme l'indiquent les *fig.* 4, 5 et 7. Cette disposition a pour but de leur donner une plus grande stabilité.

Les pièces de rails sont assemblées de trois mètres en trois mètres sur ces mêmes plaques au moyen de boulons *s. s...* à tête noyée.

L'écartement de ces plaques d'un côté à l'autre de la voie et par conséquent celui des deux rails de cette voie, est maintenu par des entre-toises ou tringles en fer P Q de $0^m,051$ de diamètre, recourbées à leurs extrémités de manière à pénétrer dans les plaques sur lesquelles elles sont d'ailleurs fixées au moyen d'un coin ou clavette R (*fig.* 8). L'appendice rabattu DE des plaques est, bien entendu, évidé à son milieu par une section qui laisse passer l'entre-toise, comme le fait voir la *fig.* 7.

L'expérience a démontré que ce système, qui au premier aspect semble d'une grande légèreté, est au contraire d'une solidité remarquable. Les voitures les plus lourdes, traînées par un seul cheval, peuvent circuler sur des rails de ce genre sans qu'il en résulte aucun dérangement dans la voie.

Le prix d'établissement de ce système peut être évalué de la manière suivante :

DEVIS A.

Recherche du coût du mètre courant de voie.

Les rails Henry sont assemblés sur leurs plaques de trois mètres en trois mètres.

La surface génératrice du rail Henry, qui est représenté en grandeur naturelle (*fig.* 5) est de $0^{mq},00322$, ce qui, à la densité du fer laminé, 7650, donne pour le poids du mètre courant $24^{kil},633$, et pour une pièce de rail de 3 mètres de long $73^{kil},899$, soit 74 kilogrammes, qui, à raison de fr. 0 34 le kilogramme, donnent pour chaque pièce de rail un prix de fr. 25 15, et pour la voie sur 3 mètres de longueur. . . . . . fr. 50 - 300

N° 1, tringle de traverse (ces tringles sont placées de 3 mètres en 3 mètres) du poids de $7^{kil},80$	fr. 2 652	
Pour y percer 2 trous de clavette et ployer les bouts.	» 0 050	
N° 2, clavettes à fr. 0 06. . .	» 0 120	
	fr. 2 822	» 2 - 822
N° 2, plaques du poids chacune de $6^{kil},25$, $12^{kil},50$ à raison de fr. 0 34.	fr. 4 250	
Façon de courbure et de coupure, et perçage de 4 trous par plaque (8 en tout, ...	» 0 500	
N° 8, boulons à fr. 0 10 . . .	» 0 800	
N° 8, clavettes à fr. 0 06. . .	» 0 480	
	fr. 6 030	» 6 - 030
Coût des armatures en fer de 3 mètr. de voie.		fr. 59 - 152
Pour 1 mètre de voie, nous aurons. . . .		fr. 19 - 7170

Fossés latéraux sous les rails pour recevoir

le sable $0^{m},25$ sur $0^{m},25$. Surface génératrice $0^{mc},0725$; 2 mètres linéaires pour 1 mètre de voie, donc $0^{mc},1450$ de déblai à fr. 0 50. . .		fr. 0 - 0725
Sable pour remplir ces fossés latéraux, à fr. 3 50.		» 0 - 5075
Aménagement du milieu de la chaussée, tranchée des tringles, déblai pour 1 mètre de voie de $0^{mc},32$ à fr. 0 50.	fr. 0 16	
Macadame à fr. 2 50.	» 1 12	
	fr. 1 28	» 1 - 2800
Pose et accessoires		» 0 - 4230
Coût total du mètre courant de voie .		fr. 22 - 0000

Ainsi le coût kilométrique du chemin de fer, système Henry, s'élève à 22000 fr. au plus. M. Henry ne l'estimait qu'à 20000 fr., sans doute il ne tenait compte dans son devis que des armatures en fer.

Le modèle de la *fig.* 5 qui a servi au précédent devis sert au transport des poids de 7 à 8000 kilogrammes; en réduisant les dimensions du rail, M. Henry évaluait alors le coût kilométrique de sa route à 15000 francs au plus et pour le transport des poids de 3000 kilogrammes.

La limite de spentes à gravir peut s'élever jusqu'à 0,07 par mètre.

La courbe du plus petit rayon qu'il est facile de suivre, peut n'avoir que 10 mètres et même 7 mètres de rayon.

Les changements de voie se font au moyen de coupures dans le rebord du rail et la chaussée.

Les roues sont à jante plate. Pour faciliter le parcours des courbes et les changements de voie, M. Henry a adopté pour ses wagons un système de roues articulées.

Un cheval peut traîner sur le rail-way Henry 6 fois plus de charge que sur les routes ordinaires avec une vitesse de près de 20 kilomètres à l'heure (1), et 8 fois plus de charge avec une vitesse inférieure.

(1) 20 kilomètres, vitesse *maximum* théorique. En fait 16 kilomètres.

La traction moyenne des chevaux en Italie n'étant que de 800 kilogrammes environ, il en résulte que sur le rail-way Henry le même cheval tirerait 4800 kilogrammes et 6400. C'est la charge de deux wagons de petite dimension des chemins de fer ordinaires.

Le tramway du système Henry est d'une construction facile. Les réparations de la voie en sont plus faciles encore. Il n'ya pas de longrines, ni de traverses à remuer, pas de bois qui pourrissent, et par conséquent peu d'affouillements à faire à la voie.

Il évite les roues à mentonnet ; mais par cela même il ne peut pas se prêter au roulage de wagons faisant le double service du tramway et du chemin de fer à locomotive, à moins que de faire rouler ces wagons sur le mentonnet.

Il présente en outre l'inconvénient d'une chaussée surélevée au milieu de la voie et qui s'oppose au libre *traversage* des voitures ordinaires sur la route. Ce qui oblige nécessairement à concéder au chemin de fer Henry une section toute spéciale de grands chemins et à lui faire, pour ainsi dire, sa part bien distincte et bien séparée.

DES CHEMINS A ORNIÈRE OU A NIVEAU.

Les chemins de fer à ornière ou à niveau présentent l'avantage de se laisser traverser par les voitures ordinaires en un point quelconque de leur parcours.

Mais ils ont l'inconvénient d'une ornière assez étroite et que les saletés de la route peuvent obstruer facilement. Ils demandent donc des soins de propreté et de surveillance constants.

Relativement aux chemins de fer à locomotive, les tramways à niveau peuvent être mis en relation avec eux mieux que tout autre système. On peut les y rattacher même d'une manière directe et les rendre absolument dépendants de la ligne principale. Ils constituent les véritables ramifications des voies ferrées à locomotive.

En effet le système de wagons qui est adopté pour les railways à locomotive peut être adapté aux tramways à niveau. Il suffit pour cela de dessiner le profil de l'ornière d'accord avec le mentonnet des wagons de l'artère principale.

Aussi, l'on peut dire avec fondement que les tramways à niveau sont les prolongements naturels des chemins de fer à locomotive. Le même wagon peut passer tout chargé de ceux-ci sur les rails des premiers et réciproquement, sans qu'il y ait besoin à aucun transbordement.

Mais une fois que le wagon à mentonnet est arrivé à l'extrémité de l'une ou de l'autre voie de fer, il est obligé de s'arrêter, sa course et son service sont finis ; il ne peut pas porter la marchandise à domicile. Il est irrévocablement attaché à son rail.

Ainsi à côté de chaque avantage, il y a aussi l'inconvénient à enregistrer.

Les rails plats du système Henry, par exemple, permettent au contraire d'y employer des wagons susceptibles de continuer leur voyage même au delà du tramway et de porter la marchandise à domicile, sans transbordement à l'arrivée.

Quoi qu'il en soit, les tramways à ornière, peut-être à cause de leur grande connexité avec les chemins de fer à locomotive, semblent cependant jouir d'une préférence marquée sur leurs rivaux.

Les chemins de fer à locomotive constituent par la nature même de leur construction, et par les conditions spéciales de leur exploitation un véritable monopole industriel qui doit logiquement chercher à dominer les ramifications secondaires de l'artère principale et à les retenir dans la dépendance de son principe constitutif.

D'ailleurs le droit de propriété spéciale, le privilége, s'établit plus facilement avec des moyens qui s'éloignent de l'usage commun, qu'avec des méthodes plus voisines du domaine public.

Sous ce point de vue encore le système des tramways à ornière doit sourire davantage aux constructeurs que les systèmes plus abordables aux moyens de transport ordinaires.

Aussi ne doit-on pas s'étonner de la faveur, que nous venons de reconnaître, en matière de voies de fer, pour les systèmes qui limitent le plus la liberté de circulation des véhicules.

Cette tendance à préconiser les chemins de fer qui nécessitent un matériel roulant spécial et qui par cela même lient irrémédiablement ce matériel à la voie pour laquelle il a été expressément créé, est un fait que nous devons nous contenter de constater, sans lui accorder toutefois une approbation exclusive. Si nous avions à représenter les intérêts d'un chemin de fer à locomotive, nous pousserions nécessairement à l'adoption des chemins de fer à ornière, qui ont la propriété de continuer si bien la ligne principale. Nous leur donnerions la préférence dans les projets d'extension secondaire, dont celle-ci pourrait être susceptible. Mais comme juge impartial et désintéressé dans la question, nous ne pouvons pas nous empêcher de reconnaître que l'intérêt général a plus à gagner avec les systèmes libres, qu'avec les systèmes restrictifs. Cette opinion se fera jour plus loin d'une manière plus circonstanciée à propos du tramway à rail concave.

Les rails à ornières offrent de nombreuses variétés. Nous avons donné le dessin de quatre sortes de ces rails.

Nous décrirons maintenant d'une manière spéciale le système Loubat, comme il a été établi à Paris par son inventeur.

La *fig.* 11 représente en grandeur naturelle le gabarit du rail Loubat pris sur le rail même de Paris.

La *fig.* 31 représente ce même rail d'après les derniers dessins de l'inventeur.

Les *fig.* 12, 13 et 14 représentent le rail Loubat quelque peu modifié.

On établit la voie sur des longrines maintenues de 2 mètres en 2 mètres par des traverses (*fig.* 1, 13, etc.).

Ces longrines ont 2 mètres de long et 0,10 de large sur 0,15 de haut.

Elles s'engagent deux à deux par leurs bouts dans les traverses, qui sont à cet effet munies à 20 centimètres de leurs extrémités de deux entailles à mi-bois et en queue d'aronde d'un côté, comme le représentent les *fig.* 1, 13 et 22, et mieux les *fig.* 23 et 24, parce que dans les *fig.* 1, 13 et 22 la longrine est aussi elle-même entaillée simultanément avec la traverse, tandis que, dans le mode d'assemblage adopté à Paris, l'entaille n'existe que pour la traverse.

Cette entaille de la traverse est en queue d'aronde biseautée ou non, comme le représentent la *fig.* 13 et les *fig.* 15 et 16 des coins de bois, au moyen desquels on assemble bout à bout d'une manière solide les longrines sur les traverses.

Dans la *fig.* 24 le coin de bois déborde la traverse et soutient d'autant plus la longrine contre les poussées latérales du roulage.

Toutes nos figures représentent les coins de bois placés à l'extérieur de la voie. Nous croyons cette disposition préférable à celle adoptée à Paris où les coins sont immergés, au contraire, dans l'intérieur de la voie.

En effet, le premier système permet d'affouiller les têtes des traverses et de visiter les coins sans bouleverser le milieu de la voie et sans interrompre la circulation. Il permet encore d'opposer à la poussée latérale des roues à mentonnets et au renversement de la longrine soumise à cette poussée de l'intérieur à l'extérieur de la voie, une résistance auxiliaire directe au moyen de coins surélevés, excédant le faîte de la traverse, comme nous l'avons mentionné ci-dessus avec renvoi à la *fig.* 24.

Il est vrai que les constructeurs de Paris ont adopté de placer les coins sur les traverses, à l'intérieur de la voie, dans la pensée peut-être de pouvoir mieux régler l'écartement à donner aux deux rails latéraux de la voie. Mais il nous semble que cet écartement peut être réglé tout aussi bien par les coins extérieurs que par les coins intérieurs. Car dans tous les cas il s'agit d'un raccourcissement ou d'un agrandissement de l'entaille, du côté où cette entaille est d'équerre, opérations qui ne peuvent avoir lieu que par l'addition d'une planchette sur ce côté ou par la section d'une tranche de bois.

Notre observation a d'ailleurs d'autant plus de poids que réellement l'écartement des rails sur les chemins de fer à ornière est plutôt commandé par l'ornière elle-même, que par le rail de support; par le mentonnet de la roue, que par la jante, et que par conséquent on doit avant tout s'occuper à emmancher ces rails d'une manière uniforme sur les longrines et à déterminer la distance intérieure des deux entailles sur la même traverse, d'une manière invariable et d'accord avec les deux axes des ornières ou l'intervalle des mentonnets de chaque couple de roues des wagons.

A cet effet les longrines sont équarries avec soin d'après le même gabarit et surtout sur leur face intérieure. Elles sont en outre délardées de manière à recevoir le rail en chapeau sur eur sommet.

Chaque pièce de rail est de 6 mètres de long, taillée parfaitement à la scie à ses bouts. Elle couvre donc exactement la longueur de deux longrines.

Pour unir une pièce de rail à la précédente sur la voie, ou plutôt, pour remédier à la solution de continuité qui a lieu à ce point d'union, tant sur la chaîne des rails que sur celle des longrines, on a recours à une plaque ou sabot d'assemblage. C'est ici un simple rectangle en forte tôle de 0m,005 d'épaisseur sur 0m,120 de long et 0m,045 de large. On exécute au ciseau sur le sommet des deux longrines contiguës, une entaille qui est de 0m,06 de long pour chaque longrine et propre d'ailleurs en son entier à recevoir à surface noyée, la plaque d'assemblage. Celle-ci se trouve ainsi couvrir le joint des longrines en dessus et fermer celui des rails en dessous.

Les rails sont maintenus sur les longrines par des chevilles ou gros clous, placées latéralement, comme l'indiquent les *fig.* 13 et 14. L'inventeur donne à ces chevilles jusqu'à 1 centimètre et plus de diamètre et 13 centimètres de longueur. Elles sont à pointe recourbée, de manière à mordre dans le centre de la longrine (*fig.* 31).

Ces chevilles sont placées à la distance de 95 centimètres environ les unes des autres. Il y a 28 chevilles par pièce de rail, 14 sur la joue de gauche et 14 sur la joue de droite. Elles sont disposées de manière que les chevillettes de droite alternent avec les chevillettes de gauche.

La grosseur de ces chevillettes ou chevilles exige qu'on en prépare avec soin les trous à la mèche dans la longrine relativement trop faible. Elle est la preuve que l'inventeur a voulu remédier, par la solidité du point d'attache, au peu de stabilité que le rail de son choix présente sur le sommet de la longrine. La face d'appui horizontale AB (*fig.* 11) n'a que 4 centimètres de compas, et les joues AC et BD, qui embrassent la longrine, n'ont pas plus de $0^m,02$ d'amplitude utile chacune. Elles sont terminées par un bout circulaire qui n'a aucune valeur de stabilité. Le dernier dessin de l'inventeur (*fig.* 31) donne une légère correction au gabarit en usage à Paris, et remplace par des pans coupés droits les bouts semi-circulaires des joues.

La rectification est plus sensible et mieux entendue dans les modèles modifiés par nous (*fig.* 12, 13 et 14), où la base AB a été agrandie et les joues dessinées de manière que leur amplitude produise tout son effet.

Mais tous ces soins ne sauraient qu'atténuer en partie le défaut de stabilité que le rail Loubat laisse soupçonner à première vue.

Le choc latéral qui a lieu en E (*fig.* 14), de E vers F, tend à faire tourner le rail autour de l'arête du sommet B de la longrine. La chevillette H, appelée principalement à résister à cet effort, doit fatiguer sensiblement la longrine, trop légère, selon nous, pour ne pas être vite endommagée des secousses réitérées qu'un roulage incessant doit lui faire éprouver.

Aussi pousse-t-on les précautions jusqu'à présenter les fibres de la longrine verticalement à la direction de la chevillette H, comme l'indique la *fig.* 31, et non pas comme ces fibres ont été teintées (*fig.* 13) pour la chevillette intérieure.

Cet effet destructeur doit être surtout ressenti par le côté le plus bas de la voie; car ces sortes de tramways, étant ordinairement posés sur les bas côtés des routes ordinaires, ont rarement leurs deux rails de niveau; de manière que le rail qui est le plus près du fossé doit être soumis mieux que l'autre rail, qui est plus élevé, à une pression latérale sans relâche, relativement plus puissante et plus destructive.

C'est sans doute à cet inconvénient, très-sensible en pratique pour la voie comme pour les voitures, qu'on doit le dessein des constructeurs de ce genre de chemin de fer, d'abandonner les bas côtés de la route pour le milieu de la chaussée. Mais il vaudrait mieux, selon nous, enlever au rail Loubat ses défauts par une modification radicale du modèle.

Le matériel roulant du système Loubat est spécial à ce système.

La roue de ce matériel est armée d'une jante à mentonnet d'un modèle approprié au rail et à l'ornière (*fig.* 31).

Les voitures pour voyageurs sont d'immenses omnibus avec impériale à galerie, où l'on arrive au moyen d'un escalier en demi-spirale, placé sur le côté à l'avant ou à l'arrière du coffre de la voiture.

Chaque omnibus peut embarquer 60 voyageurs à la fois.

Deux bons chevaux suffisent pour faire mouvoir un de ces vastes véhicules au complet et lui imprimer une vitesse de 20 kilomètres à l'heure.

Le corps de la voiture est porté par l'entremise des ressorts de suspension sur quatre roues, qui sont fixées invariablement et deux à deux à leur essieu, comme pour les wagons des chemins de fer à locomotive.

L'essieu est donc mobile, et son mouvement de rotation est nécessairement lié à celui du couple de roues auquel il appartient.

C'est une chose digne de remarque, que cet immense progrès de l'industrie moderne, les chemins de fer, ait fait rétrograder sous plus d'un rapport l'art du carrossier, et notamment sous celui d'un des organes les plus importants du mouvement des véhicules, la roue.

Nous avons vu dans les makis de la Sardaigne des chariots traînés à grand renfort de buffles. Les roues de ces chariots informes étaient fixées invariablement à leur essieu et ne tournaient qu'avec lui. Aussi hommes et bêtes s'épuisaient-ils à faire mouvoir cette machine criant toujours sur ses points d'appui et qui semblait vouloir se briser à chaque secousse.

Les chemins de fer, avec leurs roues rivées aux essieux, nous ont fait revenir à cette méthode barbare de rotation, un des obstacles pour le parcours des courbes à petit rayon.

Le rayon de 10 mètres semble jusqu'à présent un *minimum* plutôt théorique que réel pour le système Loubat. Le système Henry laisse moins à désirer sur ce point; il arrive même à des rayons de courbe moindres; tandis qu'il paraît difficile au système Loubat de descendre, d'une manière vraiment pratique du moins, à la limite du rayon de 10 mètres.

Aussi, en adoptant pour leurs voitures cette mauvaise disposition des roues et des essieux solidaires dans leur rotation, les constructeurs des chemins de fer Loubat durent-ils renoncer, à moins d'établir des plaques tournantes, à faire pivoter leurs wagons au terme du rail-way, de la course ou du voyage. Ils se contentèrent de résoudre la difficulté du retour, en dételant les chevaux et démontant le timon, pour remonter celui-ci et atteler ceux-là en sens inverse, de manière que l'avant de la voiture au départ en devint l'arrière au retour, et réciproquement.

Il résulte nécessairement de cette manœuvre que ce sont toujours les mêmes roues latérales qui suivent invariablement le même rail. Mais comme un des rails de la voie est plus bas que l'autre, puisque cette voie, on le sait, est établie sur un des bas côtés de la route ordinaire, il s'ensuit une fatigue constante pour le même côté de la voiture, le côté en contre-bas, bien plus grande que pour l'autre, et dont l'effet destructeur ne tarde pas à se manifester sur les organes soumis à son action la plus directe.

Nous avions déjà fait ressortir plus haut l'inconvénient qui résultait, pour les rails, d'une voie inclinée sur un de ses côtés; mais nous nous étions contenté de mentionner seulement ce même inconvénient relativement aux voitures. Les éclaircissements nouveaux que nous venons de donner complètent notre travail à ce sujet.

Pour réparer ici une omission que nous avons faite relativement aux rails dans les courbes de parcours, nous devons ajouter que ces rails sont expressément cintrés pour la courbe voulue. L'opération se fait à chaud, à la forge et au marteau, sans dépression cependant de l'ornière.

Les rails à ornière exigent, pour les changements de voie, les mêmes expédients mécaniques et les mêmes dispositions que pour les rails ordinaires, c'est-à-dire les aiguilles mobiles, les cœurs et les contre-cœurs en cas de changement de voie sous angle aigu, avec évidement des rails au point de croisement pour laisser passer le mentonnet des roues et, dans le cas de changement de voie sous angle droit, les plaques tournantes.

Nous devons dire toutefois que quelques expériences ont été

tentées sur les rails Loubat pour faire sortir au besoin, durant le parcours, la voiture des rails et l'y faire rentrer ensuite. Cette manœuvre, si elle pouvait toujours avoir lieu, permettrait aux voitures de changer de voie d'une manière très-simple, et à deux convois, marchant en sens inverse sur la même voie, de s'éviter et de se croiser sans autre secours qu'un déraillement momentané de l'un des deux convois. Quoiqu'on soit arrivé par un effort oblique des chevaux à obtenir le déraillement voulu, il ne paraît pas cependant que les expériences tentées à ce sujet soient encore satisfaisantes.

La nécessité d'avoir à parcourir des courbes d'un petit rayon, la question de déraillement à volonté que nous venons de signaler, et celle du frottement des roues situées sur le côté le plus bas de la voie, dont la réaction se fait d'ailleurs ressentir sur l'autre côté, à cause de la solidarité qui existe pour chaque couple, entre l'essieu et les roues de droite et celles de gauche, font songer aujourd'hui à abandonner, sur les chemins de fer à niveau, les essieux mobiles, pour y substituer un système de trains articulés à essieux fixes et à roues librement folles autour de leur essieu.

Le corps de la voiture reposera dans ce système sur deux de ces trains articulés.

Les voitures du nouveau modèle, en voie de construction dans un des grands ateliers de Paris (à la Villette), sont de deux dimensions. Le grand modèle peut recevoir 60 voyageurs et le petit 30. Le prix du premier est de 6000 francs et celui du second, comparativement plus élevé, n'est pas moindre que 4500 francs.

Ces véhicules sont d'ailleurs établis avec la plus grande élégance et tout le confort des wagons de première classe.

Il n'a été question, dans tout ce qu'on vient de lire sur le matériel roulant des chemins de fer à chevaux, que des voitures destinées au transport des voyageurs. C'est qu'en effet jusqu'à présent les lignes de ce genre qui ont été construites, ont eu ce seul transport pour objet principal, nous allions dire pour objet spécial. Mais les généralités que nous avons présentées à ce sujet s'appliquent tout aussi bien aux wagons à marchandises. En effet ceux-ci ne diffèrent des premiers que par la simplicité de leur récipient, qui souvent même se compose d'un simple châssis porté sur quatre roues. Nous nous abstiendrons donc de plus longs détails sur une question que nous aurons d'ailleurs occasion de reprendre plus tard.

L'usage que l'on fait, dans le système Loubat, de longrines et de traverses en bois pour supporter les rails et relier l'un à l'autre les deux côtés de la voie afin de leur assurer un écartement constant, a dû naturellement porter l'inventeur à rechercher les moyens de mettre ces parties intéressantes du tramway à l'abri d'une destruction rapide.

Les traverses des chemins de fer à locomotives ne présentent pas une durée de bon service de plus de cinq ans. Soumises aux variations hygrométriques du sol, aux atteintes des fermentations gryptogamiques, à la piqûre des insectes et aux chocs incessants que les convois font éprouver aux chevilles d'attache, elles subissent les effets d'une destruction rapide et certaine. Elles pourrissent par toute la masse et se fendillent tout à la fois à la circonférence des trous de chevillage, de manière que le coussinet est bientôt ébranlé dans ses points d'attache et joue sur ses appuis au grand péril des convois et des voyageurs.

Cette obligation de renouveler les traverses dans une période de temps très-courte est une lourde charge pour les entreprises de chemin de fer, en même temps qu'un souci économique.

En effet les traverses entrent au moins pour 1/7 dans les frais de parement de la voie, 6000 francs environ par kilomètre sur 42000 francs en moyenne ronde. De plus, les essences de bois fort tendent à devenir chaque jour plus rares par l'emploi énorme qu'on en a fait et qu'on en fait encore pour la construction des chemins de fer. Il faut près de 1112 traverses par kilomètre de voie simple, de $2^{m},60$ de long chacune sur $0^{m},25$ et 0,125 de coupe, c'est-à-dire 90 mètres cubes environ par kilomètre.

On a donc dû se préoccuper, dès l'origine même des chemins de fer, des moyens de conservation du bois ; car l'élasticité et la ténacité dont le bois est doué simultanément, paraissant une condition nécessaire des railways, on a peu songé à lui substituer une autre matière ou un autre système de construction.

Plusieurs moyens de conservation ont été proposés et essayés même sur une grande échelle. Les injections par le sel ordinaire et par différents sels métalliques, les sulfates de cuivre et de fer, les chlorures d'arsenic et de mercure etc., ont été tout d'abord préconisés; mais on s'est bientôt aperçu à l'usage, que le bois ainsi préparé, exposé aux intempéries de l'air ou du sol, ne gagnait pas en durée une année de plus.

Le résultat aurait dû être prévu, puisque les sels d'injection mis en usage, étant tous plus ou moins solubles, étaient impuissants à remédier aux effets de l'humidité, qui, parmi les agents de destruction du bois, est un des plus actifs.

Nous donnerions encore la préférence sur les injections salines au procédé que M. Bréant a expérimenté sur une partie du tablier d'un des ponts de la Seine, à Paris, et qui consiste à introduire des huiles lithargirées dans le corps du bois au moyen d'une forte pression ou par voie d'endosmose et d'exosmose.

Aujourd'hui l'attention semble se porter plus particulièrement sur l'emploi de l'acide pyroligneux et mieux encore sur celui de la créosote. Ce sont en effet, le dernier surtout, deux puissants antiseptiques et comme tels propres à éloigner du bois les insectes et la carie gryptogamique.

Mais si, parmi ces divers procédés, il en est qui présentent des avantages spéciaux pour la conservation de la matière, nous n'en voyons cependant aucun qui réponde parfaitement à la pleine solution du problème; car non-seulement il s'agit de conserver l'essence, mais encore d'en augmenter la résistance mécanique afin de pouvoir substituer dans le même emploi les essences douces aux essences fortes, et de faciliter ainsi aux chemins de fer les approvisionnements nécessaires au renouvellement de leurs traverses ou de leurs longrines, en même temps que de prolonger la durée de service de ces mêmes organes.

Nous verrons plus tard par quel procédé nouveau, que la nature et l'étude nous ont dévoilé, on peut arriver à une solution des plus satisfaisantes de ce problème.

Mais, pour en revenir au sujet qui nous occupe, le tramway du système Loubat, nous dirons que les promoteurs de ce système ont adopté, pour la conservation de leurs longrines et traverses, un procédé tout autre que ceux que nous venons de mentionner. Celui qu'ils ont choisi appartient au genre des préservatifs extérieurs, peinture, couverte, etc., passés par nous sous silence comme insuffisants pour un long service, surtout quand le bois doit être employé dans l'eau ou sous le sol.

Seulement ils se sont adressés à une matière parfaitement imperméable et qui devient chaque jour d'un usage plus répandu dans les arts et l'industrie, comme récipient pour les liquides et comme préservatif contre l'humidité. Chacun a déjà nommé le caoutchouc ou la gutta-percha.

On fait, avec le caoutchouc, l'huile essentielle de goudron et la gomme laque, une espèce de colle qui a reçu le nom de glu marine, parce que le premier emploi qu'eut en vue l'inventeur, M. Jeffery de Londres, avait été de boucher d'une manière étanche les voies d'eau des navires.

Cette colle jouit d'une force d'adhésion vraiment remarquable, elle est parfaitement imperméable à l'humidité; elle ne peut être employée qu'à chaud et sur des surfaces au préalable parfaitement desséchées ; ce qui en rend l'emploi assez difficile, en même temps que le prix élevé des matières qui la composent, en limite l'usage.

Sa préparation consiste à dissoudre d'abord le caoutchouc dans l'huile essentielle de goudron, au rapport de 500 grammes de caoutchouc contre 20 litres d'huile essentielle. Cette première opération ne demande pas moins d'une semaine de temps pour arriver à une digestion complète du caoutchouc dans son dissolvant. Puis quand la dissolution a acquis l'aspect d'une matière visqueuse parfaitement homogène, on y incorpore deux parties en poids, de laque, pour une partie de dissolution. On porte le mélange à une chaleur de 120 degrés centigrades, et l'on coule en plaque. La glu marine est faite.

Quand on veut un produit moins résistant et plus susceptible de s'étendre sur une grande étendue de surface, comme c'est le cas pour la couverte des longrines des chemins de fer, on augmente la proportion de l'huile essentielle et l'on change, même en vue de l'économie, la gomme laque en une résine moins chère ou un goudron, de manière que la fusion du mélange ait lieu à 30 ou 32 degrés centigrades de chaleur.

Pour couvrir leurs pièces de bois de glu marine, les entrepreneurs du chemin de fer Loubat emploient l'immersion à deux reprises et pendant une demi-heure à chaque reprise, dans un bain de cette espèce de peinture, chauffé à 32 ou 35 degrés centigrades.

Quant aux travaux de chaussée à exécuter pour l'établissement de la voie, ils consistent en déblais pour le placement des longrines et des traverses et pour le macadamage de la chaussée à $0^m,10$ de profondeur. Celui-ci doit être fait avec de la bonne pierraille parfaitement tassée et surchargée ensuite avec soin d'une couche de gros sable. Enfin pour achever l'œuvre, on arrose le tout et l'on y passe le rouleau compresseur.

Pour compléter cette étude des tramways du système Loubat, nous la faisons suivre des devis des frais de construction des chemins de fer de ce genre. Nous donnons d'abord celui même qui a été dressé par les constructeurs de Paris pour la ligne tracée sur les accotements de la route de Chatou. Nous modifierons ensuite ce document d'après les éléments de calcul établis précédemment par nous et que nous avons placés en tête du devis du chemin de fer du système Henry. La raison de cette modification est non-seulement, que les valeurs qui constituent ces éléments sont plus conformes aux circonstances des États Sardes, où nous écrivons, mais encore qu'en rapportant aux mêmes étalons les différents devis des divers systèmes que nous examinons, on pourra comparer plus facilement les prix de revient de chaque système et mieux juger de l'importance économique de chacun.

DEVIS B

CHEMIN DE FER AMÉRICAIN (système Loubat).

Détail du prix du mètre courant du chemin de fer à une voie, posé sur les accotements du chemin de Chatou et de la route impériale, N° 13.

DÉTAIL POUR SIX MÈTRES DE VOIE.	QUANTITÉS	ARGENT	PRIX du MÈTRE
12 mètres de rail pesant 18 kilogrammes, à fr. 0 30 l'un.	kil. 216,360	fr	
Lesquels 216^{kil},360 à 35 fr. les 100 k.	. .	75 72	
2 plaques en fer marchand aplati pour la jonction des rails, pesant, chacune 0^{kil},211.	0,422		
Lesquels 0^{kil},422 à 38 fr. les 100 kil.	. .	0 16	
28 chevillettes en fer de roche pour fixer les rails sur les longrines, pesant chacune 0^{kil},082.	2,276		
Lesquels 2^{kil},276, à 60 fr. les 100 kil.	. .	1 38	
28 trous percés inclinés sur les côtés du rail, à fr. 0 05 l'un.	. .	1 40	
18 mètres de longrines et traverses en bois de chêne de 0,10 sur 0,15, cubant 0,27.	mèt. cube 0,27		
Lesquels 0^{mc},27, à 80 fr. le mèt. cube	. .	21 60	
6 coins en bois de chêne, à raison de fr. 0 10 la pièce.	. .	0 60	
Immersion, enduit du bois sur toutes faces à deux couches de glu marine développant 9 mètres superficiels .	m. carré. 9,00		
Lesquels 9^{m},00 à fr. 0 55.	. .	4 95	
Pierrailles, moitié meulière concassée provenant des hauteurs de Bougival et moitié silex : Longueur. 6^{m},00 ; Largeur. . 1^{m},75 ; Épaisseur. 0^{m},10 } 1^{mc},05			
Lesquels 1^{mc},05 à fr. 6 75 le mèt. cub.	. .	7 09	
A REPORTER.	. .	112 90	

MAIN-D'ŒUVRE :		ARGENT	PRIX du MÈTRE
REPORT. fr.	. .	112 90	
1° Plantation de la voie au moyen de piquets à fleur de terre.			
2° Délardement des longrines.			
3° Ajustement des rails sur ces longrines.			
4° Percement de 28 trous à la mèche et pose de chevillettes.			
5° 4 entailles de traverses à mi-bois.			
6° 2 entailles sur les longrines pour recevoir les petites plaques.			
7° Ajustement des bouts des rails.			
8° Ajustement des longrines.			
9° 18 mètres de tranchées pour les longrines et traverses.			
10° 1^{mc},05 de terrassement et déblai du milieu de la voie.			
11° Pose sur le sable de plaine et sa fourniture.			
12° Bourrage des pierres et terres le long des bois.			
13° Empierrement de la voie et des côtés, piloné et passé au cylindre avec couche de sable de plaine (graveleux de 1^{m},04 d'épaiss.).			
14° Régalage et tirage des terres et des déchets au râteau.			
15° Transport au tombereau des déblais.			
Le mètre, ensemble. .	600	36 00	
TOTAL pour 6 mètres de voie. fr.	. .	148 90	
Plus un dixième pour bénéfice de l'entrepreneur . . fr.	. .	14 89	
TOTAL . . fr.	. .	163 79	
Pour 1 mètre de voie. . fr.	. .	. .	27 29

Détail pour six mètres de voie posée sur chaussées pavées.		ARGENT	PRIX du MÈTRE
Fers pour rails, plaques et chevillettes . . . . fr.	. .	77 16	
28 trous percés sur les rails . . fr.	. .	1 40	
12 mètres de longrines en chêne de 0,20 sur 0,25, cubant. . 0,30			
6 mèt. de traverse en chêne. 0,09			
(à 80 fr. le mètre cube) 0,39	. .	31 20	
Immersion, enduit des bois sur toutes les faces, à deux couches au pinceau de glu marine, développant 13 80, lesquels à fr. 0 55 le mètre carré, fr.	. .	7 59	
50 boutisses d'un pavé et demi de 0 22 à fr. 0 40 la pièce. . . fr.	. .	20 00	
7^{m},25 de pavage remanié, en pavés et boutisses, compris le sable de la forme, à fr. 0 75. . . . . fr.	. .	5 44	
MAIN-D'ŒUVRE.			
La même que ci-dessus, déduction faite des terrassements des côtés, du milieu de la voie et de son empierrement piloné . . . . fr.	4 50	27 00	
TOTAL. fr.	. .	169 89	
Déduction à faire pour fourniture de pierrailles, meulières et silex 1^{mc},05. Lesquels 1^{mc},05 à 0 fr. 75. . fr.	. .	7 09	
TOTAL pour 6 mèt. de voie. fr.	. .	162 80	
Plus un dixième pour bénéfice de l'entrepreneur . . . . fr.	. .	16 28	
TOTAL. . fr.	. .	179 80	
Pour 1 mètre. . . . fr.	. .	. .	29 84

Fait à Paris, le... 1854.

L'Ingénieur M.....

DEVIS C

Modifié d'après les bases de calcul adoptées pour les États Sardes, même système que le précédent.

DÉTAIL COMME CI-DESSUS POUR 6 MÈTRES DE VOIE.

12 mètres de rails pesant ensemble 216^{kil},360, à fr. 0 34 le kilogramme . . . fr.	73,562
2 plaques en fer, pesant ensemble 0^{kil},422, à fr. 0 34 . . . . fr.	0,143
28 chevillettes en fer, pesant ensemble 5^{kil},276, à fr. 0 34. . . . . . . fr.	0,774
28 trous percés inclinés sur les côtés des rails, à fr. 0 05. . . . . fr.	1,400
18 mètres de longrines et traverses, 0^{mc},27 à fr. 70 le mètre cube. . . . . . fr.	18,900
6 coins en bois de chêne, à fr. 0 10 la pièce. . . . . fr.	0,600
Immersion du bois à deux couches dans la glu marine, 9 mèt. superf., à fr. 0 60. fr.	5,400
Pierraille, 1^{mc},05, à fr. 3 50. . . . . fr.	3,675
Total. . . fr.	104,454
Main-d'œuvre additionnelle. Détail comme ci-dessus, mais à 5 fr. le mètre. . . fr.	30,000
Total de coût de 6 mètres de voie sans le dixième de bénéfice des entrepreneurs. fr.	134,454
Pour 1 mètre de voie, le 1/6. . fr.	22 409

Ce qui porte le coût du kilomètre à 22,409 francs environ.

AUTRES MODÈLES DE RAILS A ORNIÈRE.

Quand une route ordinaire vient à croiser de niveau un chemin de fer à locomotive, on établit sur ce point un véritable chemin de fer à ornière ; car la voie ferrée est alors formée d'un rail proprement dit, d'une ornière ou rainure pour laisser passer le mentonnet des roues des wagons, et enfin, d'un contre-rail qui permet de maintenir la chaussée du milieu au niveau de la route intersécante, afin de permettre au roulage ordinaire de traverser le chemin de fer. C'est ce nivellement établi entre le rail, le contre-rail et la chaussée, contrairement à ce qui existe en général dans les chemins de fer, où les rails sont en relief sur la voie, que les tramways à ornières ont dû d'être appelés aussi chemins de fer de niveau.

Souvent on se contente de mettre pour contre-rails de simples madriers en bois, revêtus la plupart du temps, sur l'angle contigu à l'ornière, d'une simple enveloppe en tôle.

D'ailleurs le tramway de la *fig.* 3 est de cette nature. Seulement le rail, au lieu d'être porté sur des traverses ou des longrines, repose, d'après le système Henri, sur un simple sillon de sable.

Le contre-rail peut encore être exécuté en pavage ordinaire, à dés de granit ou de grès, comme c'est le cas représenté dans la même *fig.* 3.

Les Américains pensèrent avec raison qu'on pouvait lier invariablement le rail et le contre-rail entre eux et les rendre solidaires. Ils créèrent donc un modèle que les Anglais ont imité dans le gabarit de la *fig.* 19 et qui comprend tout à la fois dans le même bloc le rail proprement dit ou relief de support S, l'ornière O et le contre-rail C.

Le gabarit en tôle ployé de la *fig.* 2, proposé par M. Henry et celui de M. Loubat (*fig.* 11, etc.), appartiennent évidemment à la même catégorie.

Seulement M. Henry emploie pour la systémation de son chemin de fer des moyens qui lui sont propres. M. Loubat emprunte aux Américains les longrines et les traverses en bois, les premières, comme support des rails, et les secondes, pour assurer l'écartement constant de la voie.

Nous joignons aux modèles précédents des rails à ornière, deux nouveaux modèles plus légers qu'aucun d'entre eux et présentant cependant sur leur base plus de stabilité que le modèle Loubat surtout.

L'un est représenté (*fig.* 28). Il est à base plate, mais à retrait, ce qui lui donne à la fois beaucoup d'assiette et l'empêche de glisser latéralement, à droite et à gauche de la longrine, sur laquelle il est appliqué et qui est taillée d'ailleurs en escalier d'accord avec le profil inférieur du rail.

Pour rendre cette adhérence complète, outre une couche de bonne glu marine appliquée à chaud entre le fer et le bois, le rail est fixé à la longrine par une forte vis à bois, à tête noyée, introduite verticalement dans cette longrine à travers le plat-fond de l'ornière.

Ce système d'armature nous paraît aussi simple que solide.

Mais si l'on conservait quelque défiance contre la vis d'attache, quoiqu'il soit déjà démontré que les vis réussissent parfaitement dans un cas d'application qu'on peut dire identique, celui du serre-rail Barberot (1), nous indiquerions alors le modèle de rail à ornière de la *fig.* 30, contre lequel il est impossible de soulever le même genre d'objection.

Ce modèle est à contour courbe comme le gabarit américain ou anglais, mais les formes en sont mieux étudiées sous le rapport de l'attache aux longrines. Il offre sur le rail Loubat les avantages d'une stabilité incontestablement plus grande.

Pour fixer ce rail à contour courbe sur la longrine, on fait usage :

1° Contre le soulèvement, d'une cheville à clavette et à tête noyée CK (*fig.* 30) ;

2° Contre le choc latéral des convois, d'une simple chevillette HM.

On conçoit que cette dernière n'ait pas besoin d'être ici de la grosseur de celles employées dans le système Loubat. Les chevillettes du système Loubat ont à supporter la presque totalité du choc latéral du voiturage, tandis qu'avec notre rail courbe, ce même choc est soutenu en très-grande partie par la

(1) Chemins de fer allemands par M. Couche.

courbe inférieure du gabarit, qui s'emboîte exactement dans les moulures ménagées à cet effet sur la longrine en coïncidence avec le profil même du rail.

Une couche de fine glu marine, appliquée à chaud entre le fer et le bois, produit une adhérence parfaite de contact entre le rail et la longrine.

La cheville à clavette CK et la chevillette simple HK servent comme de fermeture à cette adhérence et la complètent.

La cheville CK est enfoncée verticalement dans la longrine à travers le contre-rail C, qui est à cet effet d'un profil plus évasé que dans les autres modèles. La tête de cette cheville est fraisée pour être noyée dans l'œil taraudé tout exprès, dans le contre-rail aux distances voulues.

La cheville est rivée dans la longrine même au moyen d'une clavette L. La longrine est percée latéralement et au point convenable, d'un trou circulaire LKN, qui laisse passer cette clavette de manière qu'on la puisse ensuite engager aisément dans la fenêtre pratiquée à cet effet sur la cheville. La forme angulaire de cette clavette permet de serrer fortement la cheville et par conséquent le rail sur la longrine.

Quant à la chevillette HM, elle est tout bonnement enfoncée à coups de marteau dans les trous préparés *ad hoc* sur le bec H du rail et dans le corps de la longrine.

Pour faciliter la fabrication du rail, nous ne donnons à chaque pièce de rail que 4 mètres de long. Chaque pièce couvre ainsi deux longueurs de longrine. Nous plaçons nos chevilles à clavettes d'abord à 7 centimètres des extrémités de chaque pièce de rail et ensuite de 96 en 96 centimètres environ l'une de l'autre, de manière qu'il y en a cinq en tout par pièce de rail.

De même nous plaçons les chevilles simples, d'abord à 10 centimètres environ de chaque extrémité de la pièce de rail et ensuite de 90 centimètres en 90 centimètres de manière qu'il y en a aussi cinq en tout.

Les chevilles à clavettes et les chevillettes simples se trouvent ainsi disposées comme en quinconce à droite et à gauche du rail.

Le sabot d'assemblage d'un rail à l'autre, qui est représenté en pointillé RXY dans la *fig.* 30, est courbé suivant le profil inférieur du rail. C'est une simple plaque de tôle de 12 centimètres de long et qui occupe en largeur tout le dessus de la longrine. Cette plaque est d'ailleurs noyée dans le bois, grâce à l'évidement pratiqué à cet effet mi-partie sur chacune des deux longrines contiguës.

Le sabot d'assemblage du rail à vis (*fig.* 28) est plus simple. Il se compose tout uniment d'un tenon en fer plat *abcd* de 10 millimètres environ d'épaisseur, qui emboîte à la fois en contre-bas les longrines évidées à cet effet, et en contre-haut, le rail dans l'espace en retrait ménagé au-dessous de la base.

Le profilement de la partie supérieure des longrines demande sans doute quelque soin pour assurer son raccordement avec le contour inférieur du gabarit du rail, surtout dans le cas du rail courbe. Mais cette opération ne présente réellement pas plus de difficulté que les moulures des cadres à tableau ; il suffit, pour cela faire, des rabots et des fers *ad hoc*, ou si l'on veut obtenir le même effet par un frottement continu, on peut y employer un système de limes ou de râpes à bois, modelées sur le profil voulu et mises en mouvement par un moyen mécanique approprié.

Pour l'armement des courbes, qui peuvent se présenter dans le parcours du tramway, il faudra nécessairement cintrer les rails à propos. Ce travail doit paraître à première vue d'une exécution difficile pour l'espèce de rail dont il s'agit, le rail à contour courbe, qui offre peu d'épaisseur de haut en bas sous une largeur relativement considérable. Or, c'est sur cette largeur que l'effort du cintrage doit peser dans le sens latéral seulement sans déformation sensible du profil, ici fort délicat.

Rien de plus facile cependant que de bien exécuter ce cintrage au moyen d'un appareil aussi simple qu'énergique.

Supposons une plaque d'acier percée d'une fenêtre ou matrice sur le patron du rail qu'on veut soumettre au cintrage.

On engage dans cette fenêtre le rail préalablement chauffé au rouge et on lui fait éprouver, en l'obligeant à la traverser en entier, un mouvement d'étirage, non pas en ligne droite, mais suivant la courbe voulue.

Ce mouvement d'étirage peut être exécuté au moyen d'une crémaillère à deux branches rectilignes, de la longueur d'une pièce de rail (4 mètres) et munie d'ailleurs des pignons et manivelles nécessaires pour lui faire fournir vigoureusement sa course. En outre, elle est armée, en tête, d'une pince pour saisir l'extrémité du rail engagée dans la matrice, et au talon d'une console pour appuyer en arrière l'autre extrémité de ce même rail et le chasser devant soi.

Il est évident qu'en faisant manœuvrer cet appareil, le rail sera obligé de suivre le mouvement et passera à travers la matrice dans laquelle il se trouve engagé. Mais ce mouvement étant rectiligne comme la crémaillère, le rail resterait toujours droit si on ne modifiait pas l'instrument en conséquence.

On obtient le mouvement de courbure au moyen de la disposition suivante.

La pince dont la tête de la crémaillère est armée, peu glisser librement dans une rainure perpendiculairement aux lignes de longueur de cette crémaillère, à droite et à gauche. Or quand on veut que cette pince suive dans son mouvement de translation une ligne d'une courbure déterminée, il suffit de croiser la rainure où elle se meut avec cette même ligne courbe, formant à son tour une nouvelle rainure, dans laquelle on engage aussi le pivot conducteur de la pince. Il est dès lors évident que celle-ci, en se mouvant sous l'effort de translation de la crémaillère, est obligée de se porter toujours, grâce à sa propre rainure, dans la rainure accessoire de la courbe en question. Le rail obéira nécessairement à ce mouvement combiné et le cintrage voulu s'obtiendra ainsi graduellement sur le couteau même de la matrice.

Quelque soin que nous ayons mis à être clair dans nos explications, il eût été assurément plus facile de suivre avec le secours d'une figure, la description de la machine à cintrer les rails, que nous venons de donner. Mais comme cette machine n'est qu'un accessoire de notre travail, nous avons cru pouvoir nous dispenser de faire les frais d'un dessin d'art mécanique. Nous pourrions d'ailleurs y suppléer au besoin d'une manière absolument pratique, si jamais une occasion d'application se présentait pour nous.

L'opération de cintrer les rails en général a toujours passé pour difficile. On y emploie ordinairement le marteau ; mais on comprend aisément qu'on y arriverait d'une manière plus sûre et plus régulière par un mécanisme établi d'après l'esquisse que nous venons d'en tracer pour le cas spécial de notre rail courbe à ornière, qui selon toute apparence se refuserait, du moins à perfection, au cintrage au marteau.

Les changements de voie dans les chemins de fer établis, soit avec le rail à vis, soit avec le rail courbe, exigent, comme les tramways du système Loubat, les aiguilles, les cœurs et les contre-cœurs en rails de même nature. Mais nous modifierons tous ces appendices compliqués de la voie, aussitôt qu'il aura été question de la dernière espèce de chemins de fer à chevaux, ceux à rails libres, qui nous reste à examiner. Nous reviendrons alors sur la systémation générale de notre chemin de fer à ornière, avec rail à vis ou rail courbe, et nous donnerons l'arrangement définitif et économique que nous comptons leur faire subir.

En attendant, nous terminons ce chapitre par le devis des frais de construction :

1° Des chemins de fer à chevaux, tramways, établis avec le rail à vis, à l'instar du système américain comme celui de M. Loubat ;

2° De ceux établis avec le rail à base courbe, à l'instar aussi des mêmes systèmes américain et Loubat.

La question des prix de revient de chaque variété constitue aussi une raison déterminante dans le choix des entrepreneurs.

DEVIS D

D'un tramway établi avec le rail à vis de la fig. 28, l'arrangement de la voie restant d'ailleurs le même que pour les devis B et C ci-dessus.

La surface génératrice du gabarit de la *fig.* 28 est de $0^{mq},0023$.

Cube du mètre courant : $0^{mc},0023$, qui, à la densité 7650 du fer laminé, donnent le poids de $17^{kil},60$ environ.

12 mètres de rail, au poids de $211^{kil},20$, font, à raison de fr. 0 34 . . . . fr.	71,562	
Nous attribuons à chaque pièce de rail à vis 6 mètres de long.		
2 plaques ou sabots d'assemblage en fer, chacune de 0,06 de large, 0,01 d'épaiss., 0,12 de long } $0^{mc},000072$,		
pour les 2 plaques : $0^{mc},000144$ qui, à la densité de 7650, font $1^{kil},102$, à fr. 0 34.	0,375	
14 vis à bois, à fr. 0 06 pièce (placées, les deux premières, à $0^{m},07$ des extrémités, les cinq autres, par pièce de rail, à $0^{m},97$ environ les unes des autres). . . fr.	0,840	
14 trous fraisés, percés dans le plat-fond de l'ornière, à fr. 0 05 . . . . . . fr.	0,700	
Le reste comme ci-dessus Devis C. { 18 mètres de longrines et traverses, $0^{mc},27$, à 70 fr. le mètre cube. fr.	18,900	
6 coins, à fr. 0 10 pièce . . . fr.	0,600	
Immersion dans la glu marine. . fr.	5,400	
Pierraille $1^{mc},05$, à fr. 3 50. . . fr.	3,675	
Main-d'œuvre additionnelle à 5 francs le mètre . . . . fr.	30,000	
Total du coût de 6 mètres de voie. fr.	132,052	
Pour 1 mètre . . . . fr.		22,008
ou 22,000 fr. environ par kilomètre.		

DEVIS E.

D'un tramway établi avec le rail à contour courbe de la fig. 30, l'arrangement de la voie restant d'ailleurs le même que pour les devis B et C ci-dessus.

La surface génératrice du modèle (*fig.* 30) n'a que $0^{mq},00145$ au plus, qui, à la densité 7650 du fer laminé, donnent pour poids du mètre courant de rail $11^{kil},10$ au plus.

12 mètres de rail au poids de $133^{kil},20$ font à raison de fr. 0 34 . . . . . . fr.	45,28
Nous avons dit que nous fixerons à 4 mètres seulement la longueur de chaque pièce de rail courbe, donc	
3 plaques ou sabots d'assemblage en fer, chacune de 0,13 de large effif, 0,005 d'épaisseur, 0,12 de long } $0^{mc},000078$, pour les 3 plaques $0^{mc},000234$, pesant $1^{kil},80$ environ, à fr. 0 34 . . . fr.	0,61
15 chevillettes simples de 0,006 de diamètre et de 0,07 de long, y compris la tête, à raison de fr. 02 pièce . . . . fr.	0,30
15 chevilles à clavette de 0,007 de diamètre et de 0,095 de long, y compris la tête, à fr. 0 10 pièce . . . . fr.	1,50
15 clavettes à fr. 0 05 pièce . . . . fr.	0,75
15 trous de chevillettes simples sur le bec latéral du rail, à fr. 0 05 . . . . fr.	0,75
15 trous de chevil. à clavette à fr. 0 06 par trou.	0,90
18 mètres de longrines et traverses, $0^{mc},27$, à 70 fr. le mètre cube . . . . fr.	18,90
6 coins à fr. 0 10 pièce . . . . . . fr.	0,60
Immersion dans la glu marine . . . fr.	5,400
Pierraille, $1^{mc},05$, à fr. 3 50 . . . . . fr.	3,675
Main-d'œuvre accessoire, à 5 fr. le mètre. fr.	30,000
Coût total de 6 mètres de voie. . fr.	108,665

Pour 1 mètre de voie, nous aurons. fr. 18,111 ou pour 1 kilomètre 18,111 fr., soit 18,000 fr. en chiffres ronds.

Ainsi de tous les chemins de fer à chevaux que nous avons examinés jusqu'à présent, celui établi avec notre rail à contour courbe est le plus économique.

Nous tâcherons encore de réduire ce prix de revient.

DU TRACÉ DU GABARIT DES RAILS A ORNIÈRE.

Le tracé du profil des rails à ornière n'est pas indifférent. On a déjà pu s'en convaincre pour la question du poids à propos du rail à contour courbe comparativement aux autres modèles.

Mais ce n'est pas sous ce seul rapport que ce tracé est important. Il l'est encore pour l'assiette du rail, on l'a vu aussi, et pour les courbes qui constituent les limites du relief de support ou rail proprement dit et de l'ornière.

C'est principalement de ces dernières lignes que nous allons nous occuper ici.

Le rail Loubat paraît avoir été profilé à priori. On peut suivre aisément sur les *fig.* 12, 13 et 14 les moyens graphiques avec lesquels le tracé de ce profil peut être effectué. La jante et le mentonnet de la roue qui appartiennent à ce système ont été dessinés ensuite de manière à combiner parfaitement avec le rail (voir *fig.* 31).

Mais si nous présentions au rail Loubat, au gabarit même pris sur le rail de Paris (*fig.* 11), la jante d'une roue de wagon ordinaire, nous verrions que cette jante ne combine pas avec les contours de ce gabarit et se refuse à l'enchevêtrement nécessaire pour le passage libre du mentonnet.

Si l'on veut donc que l'embranchement en tramway d'un chemin de fer à locomotive puisse bien continuer ce chemin de fer, il faut, selon nous, que les voitures de la ligne mère, celles destinées surtout au transport des marchandises, conviennent également à l'embranchement et soient propres au service du roulage pour l'une comme pour l'autre voie.

Pour cela faire, il faut que non-seulement le tracé du rail du tramway soit d'accord avec la jante à mentonnet des roues des wagons ordinaires, mais encore que la largeur de la voie du tramway soit réglée de manière qu'une fois un point d'appui assuré à cette jante sur la ligne de support du rail, le mentonnet pénètre tout aussitôt dans le creux de l'ornière avec le vent suffisant pour sa liberté de locomotion.

Aucun des profils dessinés à priori (*fig.* 11, 12, 13, 14) ne peut combiner avec la jante des wagons ordinaires, dont il y a une coupe exacte (*fig.* 18). Une fois celle-ci assise sur le rail, le mentonnet dont elle est munie va buter contre les parois de l'ornière. Pour éviter ce grave inconvénient, nous avons tracé le rail de la *fig.* 18 en concordance avec la jante même. Nous avons considéré d'abord le plan vertical XY qui passe par la ligne ou circonférence de sommet du mentonnet, et c'est sur ce plan que nous avons placé les axes et les centres des courbes de l'ornière, de manière que nous avons pu d'écrire ces courbes à une distance plus ou moins convenable du mentonnet et continuer ensuite notre tracé du côté du rail proprement dit, pour rencontrer tangentiellement la bande de la jante un peu en dedans de la voie.

Les modèles des *fig.* 18, 28 et 30 sont dessinés d'après ces principes.

Le vent qui existe entre le mentonnet de la roue à wagon ordinaire et les parois de l'ornière est sans doute mesuré ici avec parcimonie. Il est moins considérable que celui que l'on ménage aux jantes construites expressément pour les tramways, comme on peut le voir (*fig.* 31). Mais si dans le cas d'application spéciale aux wagons ordinaires qui nous occupe, le vent de l'ornière est peut-être trop juste pour une vitesse de locomotion considérable, il est certainement suffisant pour le transport des marchandises à vitesse modérée.

On pourrait bien, il est vrai, dissiper toute crainte d'insuffisance à ce sujet, en donnant à l'ornière plus d'amplitude et de profondeur ; mais cette modification entraînerait pour les modèles du système Loubat et ceux qui s'en approchent, une augmentation sensible dans l'épaisseur en hauteur et dans la largeur, et par conséquent le chiffre économique des frais de construction du tramway serait considérablement grossi avec l'accroissement du poids du rail.

Il n'y a que pour le rail à contours courbes que l'agrandissement de l'ornière n'apporte qu'une variation sans importance au poids de chaque pièce. En effet cet agrandissement ne nécessite aucun changement dans l'épaisseur verticale du modèle.

Ainsi nous rencontrons ici un autre avantage qui n'est pas sans valeur dans la question, en faveur du rail à contour courbe.

Une fois qu'on est assuré que le rail adopté est propre à recevoir la jante des véhicules de transport, il reste encore à mettre la largeur de la voie d'accord avec l'écartement des roues du même essieu en usage dans les chemins de fer à locomotive.

Ce qui doit servir de guide dans cette opération, ce sont évidemment les deux plans verticaux XY et X'Y' (*fig.* 18 *et* 23) qui passent par les circonférences du sommet des mentonnets des deux roues accouplées au même essieu et sur lesquels plans nous avons placé les axes directeurs de la surface génératrice de l'ornière. Il faut donc, sur le terrain, que ces axes coïncident à droite et à gauche avec les plans verticaux du sommet des mentonnets, ou ce qui revient au même, que l'on donne aux axes de l'ornière de droite et de l'ornière de gauche le même écartement sur la voie, de l'une à l'autre, que celui qui existe entre ces deux plans sur l'essieu des roues auquel ils appartiennent.

Or en Piémont l'écartement des plans verticaux passant par le sommet des mentonnets est de $1^m,384$; il faut donc donner aux axes des ornières des deux rails de la voie, le même écartement.

La largeur de voie du tramway s'en déduit d'après les dimensions du rail. Elle serait de $1^m,484$ environ avec le rail courbe de la *fig.* 30, en la mesurant de l'extrémité E du rail proprement dit à l'extrémité symétrique du rail de l'autre côté de la voie.

Quant à la chaussée comprise entre les deux contre-rails, elle n'aurait que $1^m,304$ de compas du point F au point symétrique correspondant sur l'autre rail.

La largeur de voie adoptée à Paris pour les tramways du système Loubat qu'on y a construits est de $1^m,54$ environ de sommet à sommet des rails proprement dits. C'est sur cette donnée qu'on s'est réglé pour les *fig.* 1, 2, 3, 4, etc.

On voit tout de suite qu'avec cette dernière mesure il n'y a pas possibilité, à part même les incompatibilités qui résultent du dessin du gabarit du rail avec la jante des roues des wagons ordinaires, d'utiliser le matériel roulant des chemins de fer à locomotive sur les chemins de fer à ornière et à chevaux.

Cette impossibilité n'est pas particulière au Piémont, elle existe encore pour les autres pays ; car la construction des grandes voies ferrées est établie partout sur des règles à peu près uniformes.

Deux chevaux attelés de front occupent une voie de $1^m,20$ à $1^m,30$ de large environ : c'est tout juste ($1^m,304$) ce qui reste de large à la chaussée centrale entre les deux rails distancés suivant les principes que nous avons posés tout à l'heure.

La largeur de voie adoptée pour les tramways Loubat laisse au contraire à la chaussée intérieure une largeur de $1^m,42$ environ. Cette dimension, qui éloigne davantage les pieds des chevaux de l'ornière, est sans doute plus favorable à l'attelage de deux bêtes de front ; mais nous pensons qu'en matière de tramway les voitures à un cheval doivent être préférées aux voitures à deux chevaux et ensuite l'attelage en file à l'attelage de front. L'expérience a démontré depuis longtemps qu'il valait mieux exercer le roulage avec un matériel locomobile léger qu'avec un matériel colossal. Le modeste et simple chariot comtois l'a toujours emporté en effet utile sur la vaste et lourde *malbrouk*. Six chariots comtois attelés chacun d'un cheval enlevaient 9000 kilogrammes de marchandise, la *malbrouk* attelée à elle seule de 6 et même 7 chevaux n'enlevait que 6 à 7000 kilogrammes.

Mais la mode, quelque irrationnelle qu'elle soit, veut aujourd'hui que les voitures destinées aux chemins de fer soient d'une dimension et par conséquent d'un poids énormes. La mode est plus puissante que le calcul et que la pratique ; elle pousse la carrosserie dans cette voie, sans songer qu'en augmentant les proportions des chariots on augmente le poids mort d'un convoi au détriment du poids utile et qu'on répartit en outre, au détriment de la durée des rails, la charge du transport sur un nombre moins considérable de points d'appui.

Nous ne doutons pas qu'un jour, lorsqu'on aura reconnu l'importance économique de raccorder d'une manière systématique et solidaire les embranchements aux grandes artères et compris, par suite, la nécessité de créer un matériel roulant commun, en partie du moins, aux deux genres de voies, on ne soit ramené à des règles plus rationnelles en matière de carrosserie. Il sortira rapidement de cette nécessité un matériel roulant plus léger que celui d'aujourd'hui, plus maniable, plus mobile, mieux approprié enfin aux circonstances ordinaires et aux forces modérées, qui constituent communément le domaine pratique de l'homme.

DE LA ROUE.

Nous avons déjà dit que la roue était un des organes les plus importants, nous aurions dû dire l'organe le plus important du matériel locomobile des transports par voie de terre.

L'invention de la roue se perd dans la nuit des temps. Elle est sans doute d'origine rustique. La roue sort assurément des champs et non de la ville. Elle est l'œuvre de quelque laboureur industrieux cultivant la terre et récoltant ses moissons. Quoi qu'il en soit, son inventeur nous a légué les profits de sa découverte sans nous transmettre son nom, et le monument qui serait dû, à juste titre, à ce bienfaiteur de l'humanité, ne pourrait malheureusement porter que cette inscription imitée du *Deo ignoto* : A l'inventeur inconnu de la roue.

Nous ne voulons point faire ici un traité de la roue, encore moins de charronnage, mais donner seulement quelques principes généraux relatifs à cet art, et selon nous trop confusément connus.

Anaximandre nous a transmis un paradoxe de la géométrie antique, qui va servir merveilleusement à notre dessein.

Supposons trois cercles concentriques CA, CB et CD, menons à l'extrémité des rayons verticaux CA, CB et CD trois horizontales, perpendiculaires à la direction générale CA. Admettons en outre que ces cercles soient solidaires les uns des autres de manière qu'en faisant rouler le cercle B du milieu, par exemple, sur la ligne BB', les autres cercles A et D soient obligés en même temps de parcourir leurs horizontales respectives AA' et DD'.

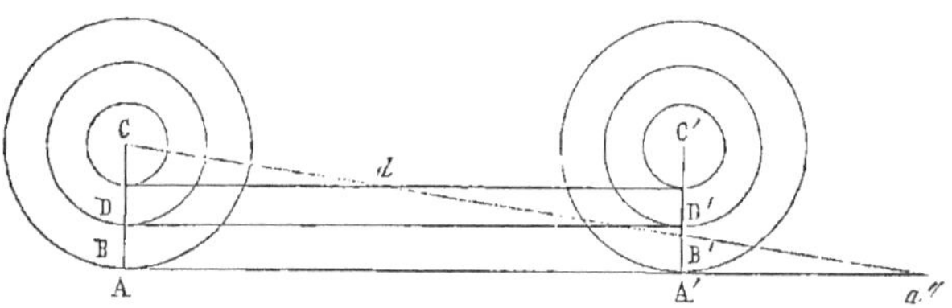

Il est évident que le cercle B, après une révolution entière, aura parcouru sur la ligne BB' une distance BB' égale à la circonférence du cercle et que le point B sera venu en B'.

Mais les autres cercles, liés au premier, ont suivi le même mouvement de manière que le point D du plus petit est venu en D' et le point A du plus grand en A', sur la même verticale C'D'B'A'.

Or, disait le sophiste grec, puisque la ligne BB' parcourue par le cercle B est égale à sa circonférence, la ligne DD' parcourue par le cercle D est égale aussi à la circonférence de ce dernier, et de même la ligne AA' équivaut à la circonférence A. Or les trois lignes conductrices étant égales entre elles, les circonférences des trois cercles concentriques sont égales aussi, donc les trois cercles eux-mêmes sont égaux entre eux, donc le contenu égale le contenant et la partie égale le tout.

Il n'est pas bien difficile d'éventer le jeu du sophisme. Les deux cercles A et D ne roulent pas sur les lignes, j'allais dire sur les rails AA' et DD' comme le cercle directeur B sur l'horizontale, BB'; mais, emportés tous les deux par ce dernier, ils éprouvent un mouvement de glissement qui a lieu en avant pour le petit cercle D, et en retard pour le grand cercle A.

Si nous joignons par une ligne droite indéfinie le centre C au point d'arrivée B′ du cercle mitoyen, nous irons couper le chemin DD′ du petit cercle en un certain point *d* et le chemin AA′ ou son prolongement en un certain point *a*. Nous avons, dans les différentes figures des triangles semblables qui en résultent, les proportions:

A*a* : BB′ :: CA : CB
D*d* : BB′ :: DC : CB.

Or comme les rayons sont proportionnels aux circonférences, il résulte que c'est la distance D*d* qui est égale à la circonférence du petit cercle, et la distance A*a*, à la circonférence du grand. De manière que la quantité de glissement en avant effectué par le petit cercle, outre sa route de roulement, est représentée par la distance *d*D′, et celle de glissement en retard, éprouvée par le grand cercle au détriment de son transport de roulement, est égale à A′*a*.

Telle est la véritable solution du paradoxe d'Anaximandre. Nous y allons trouver l'explication de plusieurs faits relatifs aux roues de voiture sous l'état dynamique et qui ne sont pas indifférents à l'art de les construire, ni à celui d'établissement des voies sur lesquelles elles sont destinées à rouler.

Ainsi on comprend tout de suite le rôle que jouent les cercles concentriques de rayons moindres que les cercles extrêmes de la roue, quand celle-ci se creuse une ornière dans le sol de la voie. Les cercles de moindres rayons se trouvent alors dans les mêmes conditions que le petit cercle D de ci-dessus. Ils subissent un effet de transport et de glissement qui fait éprouver à la traction une résistance d'autant plus grande que le nombre de ces cercles engagés dans l'ornière est plus considérable.

La pression plus ou moins forte du terrain par la double paroi de l'ornière sur les deux faces de la roue est aussi un élément énergique de cette résistance à la traction, mais qu'il nous importe peu d'examiner d'une manière absolue pour l'objet que nous nous proposons.

De là, la nécessité de faire aux roues une route parfaitement unie et incompressible.

Aussi a-t-on bien vite remplacé en pratique les chaussées tracées d'abord tout simplement sur le sol par des empierrements artificiels exécutés avec soin, comprimés sous le rouleau compresseur et maintenus par le balayage, l'arrosage et les réparations continus, dans un état de propreté et d'homogénéité convenable, de manière à présenter aux roues pour appui, des surfaces aussi unies et aussi résistantes que possible.

Dans la série des perfectionnements que les routes ont subis, on peut dire que le pavage a succédé à l'empierrement et le dallage au pavage, le grès au caillou et le granit au grès. Cependant on doit reconnaître que le macadame a eu dans l'application la part incomparablement la plus large. Les diverses espèces de pavages n'ont guère franchi l'enceinte des villes et sont restées le domaine plus spécial des rues ou des routes de luxe.

Enfin de nos temps le fer a succédé tout à coup au granit sur une grande échelle. On arrivait ainsi à l'emploi d'une matière entièrement résistante. On pouvait dès lors présenter aux roues, des voies de support véritablement incompressibles et composées de surfaces susceptibles même du poli métallique. Le problème était résolu, on avait atteint la perfection du genre.

Généralement les jantes des roues sont cylindriques, c'est-à-dire qu'elles se terminent parallèlement à l'axe de rotation par une ligne droite d'une certaine longueur, qui constitue la largeur de la jante et qui représente aussi la trace d'appui de la roue ou de tous les cercles extrêmes égaux, sur le sol uni de la route.

Tant que la roue parcourt une ligne droite, le roulement s'exécute également pour tous les cercles de support, mais cela n'a plus lieu dans le cas d'un parcours en ligne courbe.

En effet, soit par exemple une voie circulaire MN, M'N', dont le centre est en O et composée nécessairement de circonférences ou portions de circonférences concentriques de longueurs différentes;

Soit encore MN la largeur de la jante, sur laquelle nous considérons seulement trois des cercles extrêmes de la roue : ceux des deux rebords latéraux dont M et N sont les points de contact avec la voie, enfin le cercle moyen L.

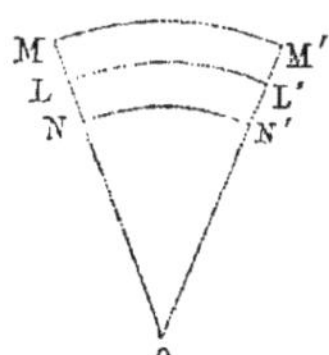

Il est évident que dans le mouvement de rotation de la roue le cercle intérieur N aura à parcourir une courbe NN′ plus courte que le chemin de parcours du cercle moyen L, tandis que le cercle extérieur M aura au contraire à fournir dans le même temps une course MM′ plus grande.

Nous nous trouvons encore dans les mêmes conditions du paradoxe d'Anaximandre, c'est-à-dire de glissement en arrière pour le cercle N et de glissement en avant pour le cercle M. D'où il résulte nécessairement des frottements et des résistances préjudiciables au libre mouvement de la traction.

Quoique les choses se passent ici dans un espace trop resserré pour que ces résistances soient considérables, celles-ci ne laissent pas que d'être sensibles à la longue. Les jantes des roues ordinaires en portent la preuve irrécusable ; car la bande de fer dont elles sont composées s'use rapidement sur ses bords par suite des frottements dus aux glissements continus auxquels ces bords sont soumis.

Ces inconvénients cesseraient évidemment d'avoir lieu si la jante reposait sur la voie par le seul point de contact du cercle moyen L.

On peut remplir cette condition en donnant au gabarit de la jante une forme convenable. Le modèle demi-circulaire de la *fig.* 9 ne laisse rien à désirer sous ce rapport. Il reproduit *à priori* la forme que la force des choses elle-même procure aux jantes des roues ordinaires après quelques jours de service.

On peut également arriver au même résultat en modifiant la voie elle-même ou mieux encore en modifiant simultanément la voie et la jante, comme cela a lieu dans le cas des chemins de fer, où le gabarit du rail est dessiné d'accord avec le profil de la jante.

Mais ici comme il s'agit en outre de s'opposer au déraillement des convois et que les roues sont armées à cet effet de mentonnets qui débordent les cercles de support, on donne dans un sens convenable aux parois de la jante, destinées à poser sur le rail, une légère inclinaison conique qui tend à repousser la roue vers l'intérieur de la voie, afin que le mentonnet n'ait à remplir son office que dans les cas extrêmes : En effet si le mentonnet frottait constamment dans sa course contre les côtés intérieurs du rail, nous tomberions dans le cas du grand cercle A du paradoxe d'Anaximandre, et la force motrice aurait à déterminer au détriment de l'effet utile le glissement en avant de tous les cercles de plus grand rayon s'appuyant contre lesdits côtés intérieurs du rail.

Quant au gabarit du rail, il est lui-même dessiné de manière à annuler aussi le plus possible les inconvénients de glissement, dus aux cercles de rayons divers de la jante, en s'éloignant d'eux autant que possible.

C'est pourquoi la pratique, d'accord avec la théorie, a fait préférer le rail à champignon à tout autre modèle. C'est pourquoi encore nous avons donné nous-même, dans les profils des rails Loubat modifiés et de notre rail courbe, une légère proéminence E' (*fig.* 12, 18 et autres) au relief de support du côté de l'ornière, afin que, dans le cas où le mentonnet de la roue vînt à s'appuyer contre ce relief, le contact n'eût lieu que sur une seule circonférence de la roue et non sur plusieurs à la fois.

Il ne paraît pas que, dans le rail Loubat proprement dit, on se soit beaucoup préoccupé de ce soin de détail. La proéminence E' n'y existe pas. Aussi le frottement du mentonnet contre la paroi trop raide EG de l'ornière (*fig.* 11 *et* 31) y a nécessairement lieu à la fois sur plusieurs cercles concentriques du mentonnet.

Toutefois on ne manque pas de s'opposer dans le système Loubat au contact absolu et continu du mentonnet contre la paroi directrice de l'ornière par la façon au moins dont les jantes des roues sont profilées. On donne aux bandes de ces jantes, comme pour les roues à wagons ordinaires, une légère conicité disposée de manière à rappeler sans cesse les roues de chaque côté du véhicule vers le centre de la voie. Cet effet de rappel intérieur est augmenté peut-être encore par la brusque courbure (*fig.* 31) qui termine la bande conique et qui a pour objet également de refouler par effleurement hors du rail, les terres longeant la voie sur les accotements de la route.

Si nous considérons maintenant un couple de roues appartenant au même axe, nous nous trouvons en présence de deux dispositions également adoptées en carrosserie.

Dans l'une, l'axe fixe est lié invariablement au corps du véhicule ou de l'avant-train, et les deux roues sont mobiles autour de cet axe.

Dans l'autre, les deux roues sont unies à leur axe de manière à former un tout solidaire, qui tourne d'un bloc dans les coussinets ménagés à cet effet sous le coffre du wagon. Les deux roues constituent ensemble comme un cylindre roulant sur une surface.

Un cylindre qui roule sur une surface plane suit nécessairement une direction rectiligne. On en trouve la raison dans le paradoxe d'Anaximandre et son corollaire. Cette direction ne pourrait être changée en courbe qu'en obligeant les cercles extrêmes du cylindre, ou les deux roues solidaires du couple que représente ce cylindre, à des glissements en avant pour la roue la plus excentrique et en arrière pour la roue intérieure. Ces glissements engendreraient des résistances qui s'opposeraient sans interruption au mouvement curviligne du système, fatigueraient les roues et la voie, ou les rails dans le cas d'un chemin de fer.

Mais si au lieu d'un cylindre roulant on supposait un cône à base circulaire, ce cône, à l'opposé du cylindre, décrirait naturellement sur une surface plane un cercle dont le centre serait le sommet du cône lui-même.

Cela démontre, ce qui d'ailleurs résulte encore du paradoxe d'Anaximandre, que pour faire parcourir naturellement à un couple de roues solidaires, une courbe circulaire plane tracée sur un plan, il faut diminuer le rayon de la roue intérieure de manière à changer le cylindre du système en un cône, dont le sommet se confondrait avec le centre de cette courbe. Les deux roues de droite et de gauche du couple considéré constitueraient ainsi deux sections parallèles de ce cône et perpendiculaires à son axe.

Les véhicules sont le plus souvent composés de deux couples de roues, quelquefois même d'un plus grand nombre. La nécessité que chaque couple doive former un système conique, dont le sommet se trouve au centre même de la courbe de parcours, détruit l'idée du parallélisme des axes de ces roues durant tout le trajet curviligne.

L'accomplissement de ces conditions présente en pratique de graves difficultés ; car il faudrait pouvoir détruire à point nommé le parallélisme des axes des roues sur le cadre de la voiture et changer tout à la fois dans chaque couple le rayon des roues intérieures au moins, de manière que les prolongements de ces axes convergeassent tous vers le centre de la courbe circulaire, que la route offrirait tout à coup à la course du convoi.

Autant de courbes diverses, autant de fois faudrait-il faire varier la combinaison conique des roues et les angles de convergence des axes.

On conçoit toutefois que dans le tracé d'un chemin de fer on puisse toujours poser des limites aux conditions du problème, en combinant ce tracé avec les obstacles du sol, de manière que les courbes de petits rayons se réduisissent à deux et même à une seule espèce pour toute la ligne, ce qui, dans le dernier cas, réduirait aussi à l'unité le système conique des roues et la convergence des axes.

La question ramenée à ces termes, nous pourrions indiquer ici par quels artifices de construction de la voie et du matériel roulant, on arriverait à une application pratique de la théorie; mais nous laissons à chacun le soin de deviner une solution, dont l'exposé sortirait du cadre de notre travail, et que d'ailleurs nous nous contenterons d'effleurer plus loin.

Malgré les inconvénients inhérents au système des roues solidaires avec leur axe, on a cependant adopté cette disposition pour les chemins de fer. Aussi le parcours des courbes d'un petit rayon est-il un objet constant de souci pour les constructeurs de rail-ways. Le seul moyen qu'ils aient à leur service pour résoudre la difficulté, c'est de les éviter, en ne s'éloignant que le moins possible de la ligne droite dans le tracé de la voie. Les courbes qu'ils adoptent, quand les circonstances les y obligent, ont généralement pour limite inférieure un rayon de 450 mètres au moins.

Toutefois ils ne négligent pas, même pour le parcours de ces grandes courbes, de recourir à tous les expédients de construction, soit dans le matériel roulant, soit dans la voie, qui sont à leur disposition.

Ainsi, dans le but de favoriser la convergence des axes des roues vers le centre de courbure, ils laissent aux coussinets de chaque essieu, un certain jeu latéral dans les fourchettes qui sont posées à cheval sur ces coussinets mêmes et qui servent de support au cadre du véhicule.

Pour remédier ensuite aux inconvénients du système cylindrique de chaque couple de roues, ils se servent de la conicité attribuée, comme nous l'avons vu plus haut, à la jante des roues, pour déterminer autant que possible, durant la marche curviligne, le système des couples coniques nécessaire à la circonstance. En effet la roue extérieure sollicitée dans la course circulaire par la force centrifuge est pressée contre le rail extérieur et roule ainsi sur un des cercles de grand diamètre du cône de la jante, tandis que la roue intérieure, suivant le mouvement, tend au contraire à rentrer dans le milieu de la voie et roule sur les circonférences de la jante du plus petit rayon.

Enfin comme dernier expédient, ils ont soin de donner une certaine surélévation au rail courbe extérieur de la voie sur le rail intérieur. Nous reconnaissons que l'on oppose par cette disposition un frein plus efficace au mouvement centrifuge des wagons et qu'on maintienne ceux-ci plus énergiquement dans la courbe de parcours ; mais à part ce rôle de modérateur coërcitif et brutal, qui s'exerce aux dépens du matériel, s'est-on jamais rendu bien compte de l'opportunité scientifique de cet exhaussement du rail extérieur ?

Dans ces coudes de la voie, la courbe intérieure qui constitue un des rails, est plus courte, nous l'avons vu, que la courbe extérieure qui constitue l'autre. Il est évident que si l'on arrivait par une disposition quelconque à rendre égales ces deux courbes, on aurait résolu la difficulté des parcours curvilignes, au moins pour un couple isolé de roues, puisque la distance que chacune des deux roues aurait à franchir, admettrait pour l'une comme pour l'autre le même nombre de révolutions roulantes.

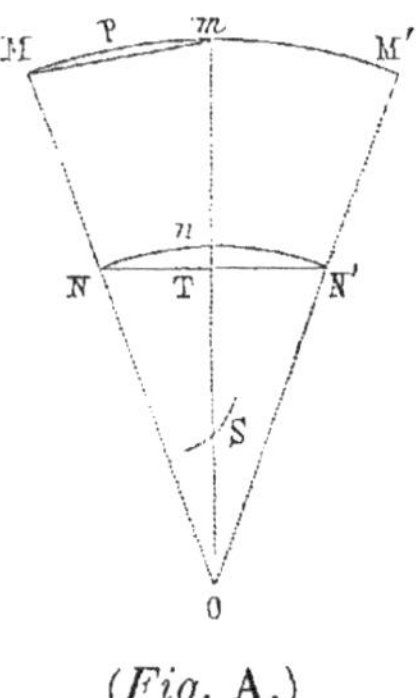

(*Fig.* A.)

Nous allons aborder la solution de ce problème, autant pour démontrer les inconvénients qu'elle rencontrerait dans l'application, que pour instruire le procès de l'expédient de l'exhaussement du rail extérieur.

Nous représentons par les deux courbes concentriques M et N, les conductrices des deux rails de droite et de gauche, que doivent suivre les roues d'un même couple et qui ont le même centre O. Le parcours de ces courbes est limité aux deux rayons ONM et ON'M', où commence et finit la voie curviligne entre deux voies rectilignes.

Supposons que la courbe extérieure MM' ou de plus grand rayon soit conservée ; la modification portera alors sur la courbe intérieure NN'.

Il est évident que la nouvelle courbe qui doit remplacer celle-ci, doit toujours se trouver à une distance du rail MM', égale à la largeur MN de la voie, elle ne doit pas abandonner la surface d'un cylindre annulaire qui aurait pour axe la circonférence MM' et pour section normale à cet axe un petit cercle d'un rayon égal à MN.

Prenons une position de cette section, la position en *m* équidistante des deux points M et M', et dont nous représentons la coupe (*fig.*B) par le cercle *m'n'*.

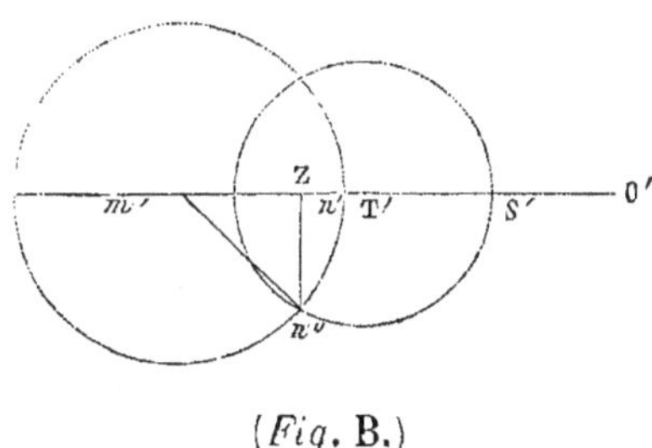

(*Fig.* B.)

Le centre *m'* de ce petit cercle figure la courbe extérieure et le point *n'* de sa circonférence sur l'horizontale *m'*O', la courbe intérieure primitive.

Si nous joignons (*fig.* A) les extrémités N et N' de la courbe intérieure par la corde NN', celle-ci coupera à l'angle droit le rayon O*m* au point T. En faisant sur la *fig.* B, *n*'T' égal à *n*T de la *fig.* A, le nouveau point T' représentera sur la figure de la coupe, la corde NN' elle-même ou sa projection.

Il est évident que le point de la courbe de substitution, correspondant au point considéré *m* de la courbe extérieure, doit se trouver quelque part sur la petite circonférence de coupe *m'*, en même temps que sa distance curviligne au point N doit être égale à la distance curviligne du point *m* au point M. Mais au lieu de déterminer ce point par la courbe, nous aurons recours à la corde M*m* pour obtenir une solution équivalente de sa position. Avec cette corde donc décrivons du point N comme centre un arc de cercle S, qui coupe en S le rayon moyen O*m* et nous donne la distance TS. Celle-ci transportée dans la *fig.* B va nous permettre de décrire une circonférence T'S' du centre T'. Il est évident que la rencontre de cette nouvelle circonférence avec la petite circonférence de section *m'* nous donnera le point *n''* de la courbe de substitution correspondant au point *m* et par conséquent le triangle rectangle *n''im'* nécessaire à l'établissement de ce même point *n''* sur le terrain ; *m'n''* sera la trace de la voie sur la coupe verticale de la *fig.* B.

On comprend qu'on pourrait déterminer par le même procédé un autre point de la courbe de substitution correspondant à un second point P de la courbe extérieure, situé entre M et *m* et que l'on construirait ainsi entre les deux points N et N' une courbe de parcours intérieure égale à la courbe extérieure, puisque chaque point de cette nouvelle courbe est éloigné des points extrêmes, comme chaque point correspondant de la courbe MM' l'est des extrémités M et M'.

Mais si nous jetons les yeux sur la trace *m'n''* de la voie, nous voyons que dans le cas où le rayon T'S' serait considérable, la solution serait ou impossible ou pratiquement inadmissible ; car si d'une part on est arrêté par la largeur fort limitée de la voie qui constitue le rayon *m'n''*, de l'autre il ne convient pas non plus de donner à la trace *m'n''* de cette voie, une inclinaison trop prononcée qui ferait pencher les wagons d'une manière incommode pour les voyageurs.

Le centre du cercle T'S' et le rayon de ce cercle sont donc aussi soumis à leur tour à des limites qu'il ne faut pas franchir.

Nous pourrions bien rechercher ici géométriquement pour diverses courbes de parcours, quelles sont ces limites, mais ce soin nous entraînerait dans des détails qui finiraient par surcharger notre travail et nuire à la clarté générale de notre exposé. Nous avons indiqué l'inconvénient, cela suffit à notre but.

Il en résulte que les arcs de la courbe extérieure, destinés à la composition de la courbe intérieure, doivent être d'une longueur très-limitée, et que par conséquent, si la courbe extérieure présente un développement considérable, on ne peut en déduire pratiquement la courbe intérieure que portion par portion, de manière que celle-ci représentera une suite d'arcs transportés et formant une ligne ondulée.

Ces ondulations de la courbe intérieure nuiraient-elles au roulage des wagons? C'est ce que la pratique seule pourrait décider. S'il n'y avait qu'un seul couple de roues solidaires par wagon, nous pourrions répondre que les inconvénients seraient sans gravité; mais nous nous trouvons en présence de deux couples de roues maintenus dans un cadre inflexible et opposant sa rigidité non-seulement aux inflexions de la voie dans le plan de parcours, mais encore aux ondulations qui sortiraient en dessus ou en dessous de ce plan, comme dans le cas du rail intérieur ondulé. Il est vrai que le cadre des wagons repose sur les axes des roues par l'intermédiaire de ressorts flexibles et que les coussinets de ces axes peuvent en outre glisser de bas en haut dans la fourchette où ils sont emboîtés. Cette disposition déjà adoptée, ne parerait-elle pas, moyennant quelque perfectionnement peut-être, aux inconvénients de la rigidité du cadre du véhicule emporté sur une ligne ondulée?

Nous avons supposé, dans l'opération du changement de la courbe intérieure, que le rail extérieur restait constant. Nous avons admis cette hypothèse uniquement pour appuyer nos explications sur un dessin de construction simple et de nature à faciliter notre tâche. Mais en bonne règle, il sera plus avantageux de considérer en pratique la courbe moyenne LL' aux deux rails de la voie pour y ramener à la fois la courbe intérieure et extérieure par un procédé semblable à celui que nous avons donné.

On voit par l'étude de ces transformations des courbes de parcours, en quoi consiste l'erreur où tombent les constructeurs de chemins de fer dans l'exhaussement empirique du rail extérieur pour le parcours des coudes de la voie. Au fait, pour vouloir s'opposer matériellement aux chocs de la force centrifuge du roulage, ils ne font qu'augmenter les inconvénients de l'inégalité des courbes intérieures et extérieures et qu'adopter un remède pire peut-être que le mal.

On voit aussi par tout ce qu'on vient de lire, à quelle succession de difficultés a conduit l'adoption des roues solidaires avec leur axe.

Dans le cas des roues mobiles au contraire autour de leur axe, il n'y a pas à se préoccuper de la différence de longueur des courbes extérieures et intérieures d'un coude de la voie, car alors la roue intérieure dont le mouvement de rotation est indépendant de la roue extérieure, diminue sa vélocité en proportion de la diminution du rail courbe qu'elle parcourt, tandis que la roue extérieure augmente la sienne en proportion de l'augmentation du rail extérieur. Il doit s'établir entre le mouvement des deux roues une différence de vitesse dont la moyenne serait donnée par une roue qui suivrait un rail au milieu de la voie.

Ainsi avec les roues solidaires sur leur axe, il y a pour la construction des voies courbes et des voitures à quatre roues qui en dépendent, deux questions à résoudre :

1° Celle qui tient à cette solidarité même et par conséquent à chaque couple de roues pris individuellement et pour laquelle nous avons indiqué deux solutions ;

2° Celle qui dépend du cadre rigide auquel sont invariablement liés deux couples de roues au moins, de manière que l'ensemble du système oppose un rectangle inflexible aux courbures des coudes.

Avec les roues mobiles autour de leur axe l'on se trouve en présence seulement de cette dernière difficulté. Elle est commune aux deux systèmes d'attache des roues. Il convient de l'examiner quelque peu.

La solution rigoureuse réside évidemment dans la convergence en temps utile de l'essieu des roues vers le centre de courbure.

Sur les routes ordinaires, elle ne présente aucune difficulté. Le train des roues de devant est mobile autour d'un pivot et tourne sous le coffre de la voiture dans un plan parallèle à la route, aussitôt que le cheval dévie de la ligne droite. Si les courbes décrites dans ce mouvement sur le terrain par les roues de l'avant-train ne coïncident pas avec les courbes décrites par les roues de l'arrière, cela importe peu ici où la route présente au roulage une surface plus que suffisante pour permettre ces écarts de parcours. Mais il n'en est pas ainsi pour les chemins de fer. Les roues de l'avant et celles de l'arrière-train sont assujetties à suivre respectivement de chaque côté du wagon le même rail et par conséquent la même courbe.

Comment faire pour arriver à remplir cette condition ?

La difficulté est sérieuse. Si l'on considère en effet ce qui a lieu au moment du passage d'un wagon de la voie rectiligne à la voie courbe, on voit que le cadre des roues R*rr'*R', lancé en ligne droite et continuant à maintenir sa position première sur l'arrière-train, s'écarte évidemment de la voie courbe (*fig.* C).

Si donc les roues de l'avant-train sont invariablement attachées à ce cadre, elles sont emportées dans ce mouvement inflexible qui tend à les faire dérailler suivant la tangente.

Si seulement les mêmes roues peuvent converger vers le centre O, en tournant sous le cadre du wagon autour d'un point P' pris sur le centre même de leur essieu, elles sont encore exposées au même inconvénient ; car le point P étant transporté hors de la courbe moyenne de parcours par l'effet de la rigidité du wagon, les roues attachées aux extrémités de l'essieu R'P*r'* ne peuvent qu'être transportées aussi hors de leur rail respectif.

Aussi, pour que ce déraillement théorique n'ait pas lieu, faut-il qu'en même temps que l'essieu R'*r'* converge vers le centre de courbure O, le point P puisse se rapprocher simultanément vers ce même centre O, indépendamment de la direction rectiligne du wagon ; ce que l'on peut obtenir en plaçant le pivot P, sur lequel le système de l'avant-train doit faire son mouvement de conversion, en dehors de l'axe des roues, en P′ par exemple. Alors les roues peuvent prendre sans effort la position normale voulue R″ qr'', dans laquelle q représente le centre transporté de l'essieu.

Mais une fois le wagon engagé tout à fait sur la courbe de parcours, les roues de l'arrière-train doivent éprouver à leur tour

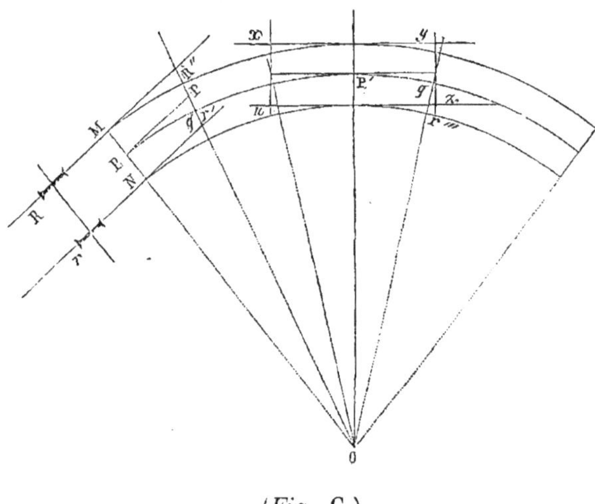

(*Fig.* C.)

le même mouvement de conversion et de transport à la fois vers le centre invariable de courbure. La *fig.* C rend compte de cette nécessité en R‴r‴. Là, le cadre du wagon occupe toujours la tangente normale au rayon moyen OP′ des deux essieux de l'avant et de l'arrière-train, et ces deux essieux, en pivotant autour du pivot excentrique P′, ont subi l'un et l'autre le mouvement de transport et de conversion nécessaire, lequel aura lieu plus tard en sens contraire et successivement pour les deux couples de roues au moment où le wagon sortira de la courbe pour reprendre la course rectiligne.

Il ne suffit pas de définir théoriquement la nécessité de ce double mouvement de conversion et de transport des roues au passage des courbes, il faut encore pourvoir à son application pratique.

Dans les tramways du système Henry, on peut adopter sans inconvénient, comme en effet l'inventeur le propose, des trains de roues librement articulés parce que les rails de ce genre de tramways, étant en contre-bas de la chaussée, la direction des roues est toujours commandée par le relief de cette chaussée, qui rend tout déraillement à peu près impossible.

De même nous ne voyons aucune objection sérieuse pour ne pas adopter une disposition semblable dans les tramways à ornière; l'ornière servant suffisamment de guide et de frein au mouvement et au mentonnet des roues pour annuler encore ici toutes les chances d'un déraillement, d'ailleurs sans danger avec le moteur vivant du système.

Mais dans le cas des chemins de fer à locomotive, où le moteur est une force aveugle et où le rail, en forme de champignon, sort du niveau de la voie, l'articulation libre des trains d'un wagon pourrait présenter quelque danger, et les chocs inégaux d'une course effrénée, faire dévier de la direction voulue les couples indépendants des roues.

On ne peut pas nier, en effet, que l'assemblage invariable de deux couples sur le même cadre ne présente dans les parcours rectilignes une stabilité plus grande pour le roulage cylindrique, et plus de sécurité contre le déraillement qu'un seul couple isolé.

Tout en respectant cette donnée, on a réalisé en Amérique une solution, si non irréprochable au point de vue théorique, de la difficulté des trains articulés, mais suffisante au moins en pratique, pour la plupart des cas.

Il est évident que le double mouvement de conversion et de transport est d'autant plus petit, que le cadre qui sépare deux couples de roues d'un wagon est plus resserré. On peut donc considérer jusqu'à un certain point le système de deux couples très-rapprochés l'un de l'autre comme composé d'un seul couple de roues relativement aux courbes de parcours ordinaires.

Aussi les constructeurs américains réunissent-ils sur l'avant-train d'un wagon deux de ces couples, en ne donnant à la distance réciproque des essieux que l'espace nécessaire pour le rotation des roues et deux autres semblables sur l'arrière-train. D'ailleurs l'avant et l'arrière-train sont articulés et peuvent chacun se mouvoir autour d'un pivot convenablement disposé.

De cette manière le déraillement n'est pas possible dans les parcours rectilignes à cause du cadre inflexible de chaque train du wagon, et dans les parcours courbes, ces mêmes trains se comportent, chacun de son côté, comme s'ils n'étaient composés que d'un seul couple de roues. L'articulation dont ils sont doués leur permet d'opérer le double mouvement de convergence et de transport, et aux roues, de suivre sans effort les rails dans les courbes de la voie.

Mais si l'on voulait arriver à une solution plus rigoureuse encore de la question, on pourrait, dans le cas des roues solidaires avec leur essieu, déterminer la convergence des roues par un artifice de mécanique et passer par un artifice de construction de la voie, du système cylindrique des roues au système conique.

Pour obtenir le passage du cylindre au cône, il suffirait d'établir des roues à jantes concentriques et de remplacer, au moment des courbes, le rail intérieur par un autre, propre à recevoir la jante de moindre rayon de la roue intérieure.

Quant à la convergence des essieux vers le centre de courbure, elle pourrait avoir lieu par des moyens mécaniques fort simples.

Supposons que chaque essieu repose excentriquement comme la corde d'un arc, sur un cercle ou couronne ayant pour centre le pivot P' de rotation et faisant partie d'un système d'engrenages assez stable pour assurer le parallélisme des essieux des roues dans le parcours rectiligne. Pour changer ce parallélisme en temps utile, on pourrait recourir à un point d'arrêt placé convenablement sur la voie et agissant au passage du wagon, par l'entremise d'une manivelle disposée à cet effet sur les engrenages du système et des couronnes, de manière à produire l'amplitude de convergence excentrique des roues, voulue par la circonstance.

Nous venons de donner la solution du problème pour le cas complexe des roues solidaires avec leur essieu.

M. Arnoux en a donné une pour le cas simple des roues folles, où il ne s'agit que d'obtenir la convergence des essieux. Le système Arnoux est trop connu, pour que nous en donnions ici une description. On peut reprocher à ce système de compliquer encore le matériel roulant des chemins de fer déjà trop surchargé et de faire dépendre surtout la convergence des essieux, de l'action coërcitive d'une suite de galets, pressant de l'intérieur de la voie contre les rails en relief des chemins de fer ordinaires.

Il est d'ailleurs inutile de faire observer ici, que notre moyen d'obtenir la convergence des essieux est applicable aussi au cas des roues folles et d'une manière bien plus générale encore, relativement aux différentes espèces de rails adoptés ou proposés par l'industrie.

Il serait assurément difficile, après tout ce que l'on vient de lire, de conserver des doutes sur l'importance de la roue dans les questions de roulage et de chemins de fer. Cependant nous sommes loin d'avoir épuisé la matière. Nous toucherons encore à deux points qui s'y rapportent directement et indirectement, le premier est relatif à la dimension excentrique de la roue, et le second aux rampes à gravir dans le tracé de la voie.

Deux mots nous suffiront pour fixer les idées sur le premier point :

On a adopté dans les chemins de fer un rayon de $0^m,45$ à $0^m,50$ pour les roues des wagons. Nous croyons qu'on aurait pu recourir à un rayon plus grand ; cela n'aurait pas nui à la traction. En effet, considérons un levier vertical AB appuyé sur le sol par le point B. Soit F une force horizontale appliquée en A et agissant de A vers F. L'effort de la force F sur le point de résistance B, par l'intermédiaire du levier AB sera représenté

par le moment : F×AB.

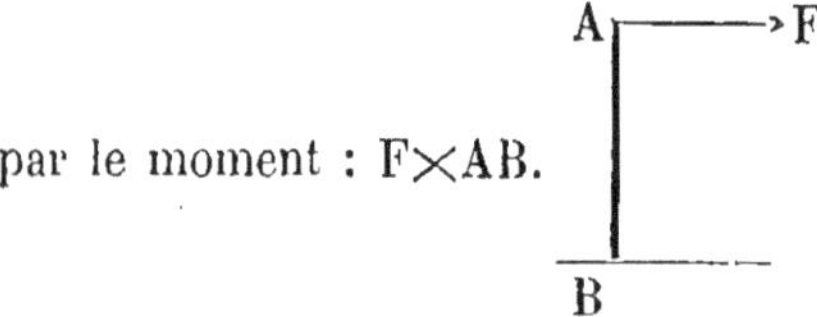

Plus donc le levier AB sera grand, plus il y aura d'effort produit.

Ainsi, si nous remplaçons dans notre pensée le levier AB par le rayon vertical d'une roue, nous pouvons dire également que plus le rayon d'une roue est grand, plus la traction sera facile.

En pratique la grandeur du rayon d'une roue a certainement des limites, ne seraient-ce que celles imposées aux dimensions humaines par la création. Mais entre ces limites et celles adoptées pour les roues des chemins de fer, il y a une marge qu'on peut mettre à profit et qui autorise même des rayons de $0^{m},70$.

Sur les chemins de fer les roues sont égales, sur les routes ordinaires les roues de l'avant-train des voitures sont ordinairement d'un rayon moindre que les roues de l'arrière, ce qui permet à l'avant-train dans le parcours des courbes, de se mouvoir sous le coffre de la voiture.

Cette disposition ne prêterait certainement pas à la critique, si le poids du véhicule et de sa charge était réparti sur l'avant et sur l'arrière-train proportionnellement aux rayons des roues. Malheureusement les constructeurs de voitures tiennent généralement peu compte de cette condition. Toute construction qui répartit également le poids et la capacité d'un chariot sur des roues inégales ou dans des proportions différentes à celles des rayons est *théoriquement* vicieuse.

Pour s'en convaincre il suffit de se figurer successivement des charges différentes sur le sommet A du bras de levier AB. Plus la pression verticale exercée sur ce bras de levier sera grande, plus il faudra de force F pour le renverser ou si la force F est constante, plus il faudra de longueur au bras de levier, un des éléments du moment AB×F, pour produire le même résultat.

Nous avons dit *théoriquement* vicieuse parce qu'en pratique il convient de soulager de quelque peu la charge des roues de devant au détriment de celles de derrière, afin que les roues de devant, qui les premières ont à vaincre les obstacles de la route, risquent moins de se buter dans le sol.

Cette observation n'a de valeur que pour le cas des routes ordinaires où la voie est plus ou moins susceptible d'être effondrée par l'action du roulage.

De même, sur des roues égales il faut équilibrer également sur chaque train le poids de la voiture et de son chargement.

Le point d'attache du moteur au véhicule, du cheval par exemple, n'est pas non plus indifférent.

Le cheval produit la traction par son propre poids et par la tension des jarrets sur les points d'appui de la route. La résultante de ses efforts semble avoir son centre ou son nœud dans son poitrail. Dans le bœuf ce nœud est plutôt situé dans l'encolure et même sur la tête.

L'élévation du poitrail du cheval au-dessus de la voie indique donc à quelle hauteur la force de traction F doit agir sur le levier AB, pour qu'elle n'ait pas lieu sous un angle qui en diminuerait évidemment l'effet.

Nous retrouvons encore ici une limite naturelle à la grandeur du rayon des roues. Cette limite donnée ici par l'élévation du poitrail du cheval au-dessus du niveau de la route, oscille encore comme celle que nous avons déduite tout-à-l'heure de la taille de l'homme autour de $0^{m},70$. Elle permet d'un côté l'horizontalité de la traction à l'extrémité A du levier AB, et de l'autre elle répond à nos forces dynamiques habituelles sous le point de vue de la commodité du chargement des marchandises sur le véhicule et de l'embarquement des voyageurs eux-mêmes.

Tant il est vrai que les faits qui tombent dans le domaine pratique de l'homme sont unis entre eux par des rapports pleins d'harmonie et de convenance, mais renfermés dans des limites qui excluent, dans l'application, les solutions indéfinies du calcul et de la théorie.

Si la roue était d'un rayon tel que la position du moteur exerçât son effort obliquement sur l'essieu de la roue de bas en haut

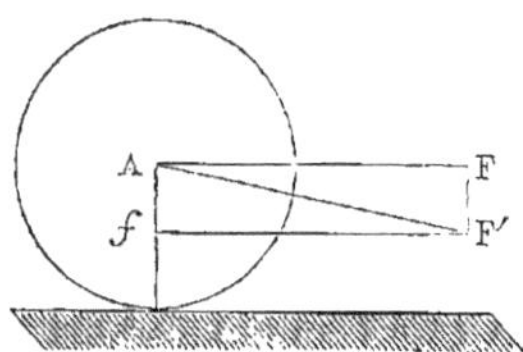

comme dans la figure ci-jointe, alors la force de traction **FA** pourrait être divisée en deux autres, l'une **AF'** horizontale et l'autre Af verticale qui tendrait à faire enfoncer la roue dans le sol.

Évidemment cette disposition doit être rejetée de la pratique.

Si au contraire le rayon était assez petit pour que l'effort fût exercé de haut en bas comme dans la seconde figure, alors la

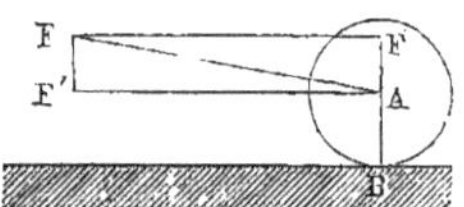

composante verticale **Af** tendrait au contraire à soulever la roue de terre. Dans l'un et l'autre cas la force de traction ne produirait pas tout son effet, elle serait réduite à la composante horizontale **AF'** ou, pour parler plus généralement, à la composante parallèle au tracé de la route.

Cependant la disposition oblique de haut en bas de la seconde figure se rencontre le plus souvent dans les attelages ordinaires, par la raison que le cheval, se ployant sous l'effort du tirage, tend à ramener sans cesse la ligne AF vers l'horizontale AF', et parce qu'en outre il vaut mieux produire sur la roue un mouvement de soulèvement qui en facilite la marche, qu'un d'enfoncement qui arrêterait le véhicule. Mais il ne faudrait pas abuser du procédé par des écarts angulaires considérables, parce que la composante de soulèvement de la roue, qui ne peut déjà se produire qu'au détriment de la force de traction, réagit comme une véritable charge sur le dos du cheval au détriment encore de l'aptitude musculaire de celui-ci dans le sens du tirage.

La question du soulèvement de la roue, comme nous l'avons déjà fait observer plus haut, est d'ailleurs superflue dans le cas d'une voie parfaitement unie, et par conséquent dans celui des chemins de fer, où la direction de l'effort de traction doit être, selon nous, de niveau avec l'essieu des roues ou tout au plus sous un angle supérieur presque insensible.

Voilà pourquoi toutes les roues des wagons, dont on compose les convois des chemins de fer et qui agissent comme moteur successivement de l'un à l'autre, sont et doivent être égales.

Cependant la roue motrice des locomotives est généralement de beaucoup plus grande que la roue des wagons; elle atteint jusqu'à 2 mètres de rayon dans le système Derosne et Cail.

L'essieu de la roue motrice représente pour nous le poitrail du cheval et la tête du bœuf. Il faudrait donc, d'après les idées que nous venons d'émettre, donner au rayon des roues du convoi une dimension moins disproportionnée avec la roue du moteur. Peut-être n'est-ce qu'à cette disproportion que l'on doit, en partie du moins, le mouvement de galop, mis entièrement par M. Lechatellier sur le compte de l'obliquité de la bielle motrice (1). L'obliquité de l'effort de traction sur les roues de moindre rayon, nous paraît aussi devoir être prise en considération dans l'explication de ce phénomène dynamique.

Quoi qu'il en soit, il ne reste pas moins démontré par ce qui précède, que le rayon des roues des voitures ne saurait être livré au compas capricieux des constructeurs. Si nous n'insistons pas davantage sur cette vérité relativement aux chemins de fer à locomotive, c'est que nous nous trouvons en présence de l'usage

(1) *Études sur la stabilité des machines locomotives en mouvement*, par M. Lechatellier, ingénieur des mines. Paris.

établi et d'une fabrication universelle, tout empirique qu'elle est. Mais à l'égard des tramways, qui font l'objet spécial de notre travail, nous avons le droit d'indiquer pour les roues, avec l'espoir au moins d'être écouté, des dimensions plus rationnelles et plus conformes aux vrais principes du tirage.

Nous croyons donc qu'un rayon de 0m,60 à 0m,62 répondrait tout à la fois aux exigences d'un bon service par les chevaux et d'une construction convenable des véhicules.

Il ne nous reste plus maintenant, pour terminer ce chapitre, que d'exposer quelques considérations sur les rampes dans le tracé des voies. C'est là encore une difficulté, qui comme les courbes n'a eu que des solutions partielles limitées.

Le passage du Semring en Autriche est un des exemples les plus remarquables de la difficulté vaincue. La machine locomotive d'Engerth, aujourd'hui adoptée en France sur le chemin de fer du Nord pour remorquer les convois pesants, franchit aisément les rampes courbes de cet escarpement des alpes Carniques sur une longueur de près de 4,500 mètres. La traversée des Giovi sur le chemin de fer de Gênes à Turin présente sur le versant méridional des Apennins, des pentes de 0m,035 qui sont gravies par les machines accouplées, sorties des ateliers de Seraing (Belgique) et plus tard des ateliers nationaux de S. Pier d'Arena.

Mais il faut bien reconnaître que l'effet produit n'est cependant pas en rapport avec le déploiement de forces et d'appareils mécaniques, auquel on a recours pour vaincre des rampes au fond insignifiantes. Les côtes des anciennes routes avaient jusqu'à 0m,10 et 0m,12 de déclivité par mètre; la limite de 0m,07, c'est-à-dire le 7 pour 100 était un terme rationnel. Aujourd'hui l'on trouve énormes pour les chemins de fer, malgré tous les moyens dont ils disposent, des rampes de 3 1/2 pour 100. Les locomotives conjuguées du plan incliné de Pontedecimo à Busalla présentent par couple, un poids de 56,000 à 60,000 kilogrammes et peuvent développer une force de 200 chevaux. Ces puissants moteurs fatiguent considérablement la route qu'elles desservent. Elles sont pour le matériel de la voie, comme pour elles-mêmes, une cause constante de destruction et de réparations fréquentes. Leur effet utile se réduit à pouvoir remorquer un poids brut de 82 à 85 tonnes, mais qui ne représente réellement que 50 tonnes de marchandises environ, soit 250 kilogrammes par cheval mécanique. Un pauvre cheval animé, au contraire, qui trouverait assurément fort douce la pente du plan incliné des Giovi, franchirait aisément ce passage avec un chargement utile de 1200 à 1500 kilogrammes au moyen d'un simple chariot comtois. Certes l'avantage n'est pas ici au chemin de fer.

Si nous observons ce qui se passe dans le roulage à chevaux, nous trouverons la raison de cette dépense inouïe de force, à laquelle on se trouve condamné, pour gravir les moindres pentes dans les chemins de fer à locomotive.

La surface de roulement qui supporte les roues n'est pas rigoureusement celle où les chevaux prennent leur point d'appui, de manière que l'une peut être adaptée au moteur et l'autre appropriée à la roue, comme cela arrive tout juste dans les tramways.

Chez ceux-ci, le rail destiné à supporter le roulement des transports est lisse et incompressible; la chaussée, au contraire, que le cheval doit battre de son pied, est formée d'un empierrement convenable.

Mais sur le chemin de fer à locomotive, le moteur prend son point d'appui sur la surface de roulement elle-même. On a donc créé ici une contradiction insoluble entre le remorqueur et le remorqué. Au premier il faudrait, au lieu d'un rail miroitant, une surface dépolie susceptible de donner prise à l'action de la force motrice, c'est-à-dire, tout le contraire de ce qui conviendrait au second. La solution du problème des rampes ne paraît donc pas devoir sortir du système actuel des chemins de fer à locomotives. On la trouverait peut-être dans l'addition d'une roue motrice intermédiaire ou de deux roues latérales marchant sur une ou deux bandes compressibles et élastiques, placées parallèlement aux rails de roulement. En quelle matière pourrait-on établir ces bandes supplémentaires destinées à la traction? Telle est la question que nous laisserons au lecteur le soin de résoudre.

L'industrie a aujourd'hui à sa disposition des matières et des agents précieux : l'attraction galvanique d'une part, et de l'autre la gutta-percha, la glu marine, la craie et la résine. Un emploi convenable de cet agent ou de ces substances conduirait peut-être plus sûrement au but que toutes les tentatives ayant seulement pour objet des moyens mécaniques douteux ou la substitution de la compression de l'air, du vide ou de l'eau à la vapeur.

Toutefois il ne faut pas croire que la solution du problème onsiste tout entière dans l'invention d'une surface d'appui offrant une prise suffisante à l'action du moteur. La question est plus complexe. Elle comporte aussi avec elle une transformation de la vitesse du moteur en faveur de la force de traction.

Quand un cheval attelé à un chariot arrive à une montée, il applique tout à coup à gravir la côte sa force vitale aux dépens de sa vitesse première. Mais c'est toujours la même somme de cette force qu'il dépense, là, en plaine, pour une course accélérée, ici, en montagne, pour vaincre l'obstacle.

Supposons un convoi remorqué en route horizontale par une locomotive. Celle-ci, admis que la vapeur soit portée à son degré normal, est construite pour donner un certain nombre de coups de piston à la minute, pour marcher en d'autres termes avec une vitesse déterminée.

Tant que le convoi est lancé sur la voie horizontale, il se trouve dans les conditions voulues ; mais aussitôt qu'une rampe se présente, les conditions de la traction changent. Admettons qu'il ait toute la charge que le remorqueur puisse supporter ; il s'arrêtera devant la moindre montée, quoique et parce que la machine continuera à fournir le même nombre de coups de piston. La vitesse uniforme du système moteur, absorbant la force de traction, déterminera le patinage des roues motrices, qui se fatigueront à labourer inutilement les rails de la voie. Mais si, à ce même moment, on arrivait par un moyen quelconque à diminuer la vitesse de la roue motrice sans porter atteinte au nombre, ni à la puissance des coups de piston de la machine, la force retournerait en effet utile pour la traction, et le mouvement de transport recommencerait moins vite, sans doute, mais sûrement. C'est une fausse idée que de vouloir toujours et tout rapporter à la vitesse dans la question des transports par le moyen de la vapeur; il faut songer aussi que la somme de force dont l'homme puisse rationnellement disposer étant limitée, ce n'est que dans la distribution intelligente de la provision possible, tantôt en faveur de la vitesse et tantôt contre les obstacles, que réside, dans l'ordre des choses pratique, la faculté de pouvoir. Aussi ne doit-on jamais perdre de vue ce principe de mécanique, trop souvent méconnu, *que ce que l'on gagne en force on le perd en vitesse, et que ce que l'on gagne en vitesse on le perd en force.*

C'est d'ailleurs sur ce principe que repose en général la question si importante, mais si mal étudiée, du remorquage sur terre et sur eau tout à la fois. Peut-être un jour publierons-nous sur cette matière intéressante et que nous ne faisons que toucher ici, les notes manuscrites plus étendues qui sont entre nos mains.

Ainsi pour arriver, avec la locomotive, à gravir aisément les mêmes rampes que les chevaux franchissent dans le roulage ordinaire, il y a à rechercher, à côté d'une voie de traction spéciale, plus propre que les rails à soutenir l'action du moteur, les organes mécaniques, au moyen desquels on pourrait faire varier la vitesse de la roue motrice sans altération de la course, ni du nombre des pulsations du piston de la machine.

Cet effet est facile à obtenir par des transports de forces, en faisant varier convenablement les rayons des poulies intermédiaires. Nous indiquons un moyen sans le décrire. Quant à nous, notre but est atteint : nous avons fait comprendre les avantages spéciaux attachés aux tramways, où l'emploi du cheval comme moteur, permettant de remplir, dans des limites de déclivité plus larges, les conditions du problème du parcours des rampes, laisse pour le moment, du moins au roulage de ces sortes de voies, une supériorité économique incontestable vis-à-vis des chemins de fer à locomotive.

Maintenant qu'avec toute la clarté et la précision dont nous sommes capable, nous avons défini les circonstances principales qui concernen la roue directement et indirectement, discuté les formes qu'il convient de lui donner, traité des surfaces de roulement, des courbes et des rampes du tracé, nous pouvons reprendre, avec la conviction d'être compris à demi-mot, notre description analytique des tramways, dans laquelle nous serons bien obligé de faire entrer des aperçus comparatifs pour les divers sytèmes et la supposition des circonstances que nous venons de passer en revue.

RAILS EN GRANIT.

Dans quelques villes d'Italie, à Milan et à Turin, par exemple, on a adopté pour les rues, un système de pavage, où la surface de roulement pour les roues des voitures est distincte du reste de la voie. Cette surface de roulement, qui est noyée d'ailleurs dans le niveau général de la chaussée, est formée de deux bandes de granit parallèles et constitue un véritable tramway. Le milieu de la voie entre les deux rails ainsi que les accotements de la rue sont pavés en petits cailloux roulés ou galets, fournis par les cours d'eaux de la contrée. Souvent, quand la largeur de la rue le permet, il y a à la fois deux voies de rails de granit, pour faciliter la circulation des voitures en sens contraire.

Ce genre de pavage, supposé les bandes de roulement exécutées en pierres de bonne qualité, en granit parfaitement résistant, ne pourrait-il pas remplacer avantageusement, en plus d'une occasion, les tramways en fer?

Une fois sorti des villes, on pourrait substituer le macadame ordinaire, au pavé de galets pointus, qui constitue le milieu de la chaussée. Le pavé échauffe le pied du cheval et rend cette pauvre bête incapable d'un long voyage. Aussi est-il facile d'observer dans les lieux où le rail de granit existe, que les chevaux, si on les laisse faire, abandonnent volontiers la chaussée au pavé inégal, pour suivre de préférence la dalle de granit et rejeter les roues hors de la surface de roulement sur la surface de traction. Il n'en serait pas ainsi, si à côté de la dalle de granit il y avait le macadame au lieu du pavé.

Mais une route construite d'après ce principe demanderait un soin particulier de surveillance et d'entretien, pour maintenir en bon état les lignes longitudinales qui constitueraient la solution de continuité entre le macadame et le granit. Il serait à craindre en effet qu'il ne se formât tout le long de ces lignes, des ornières profondes, où les roues de la voiture risqueraient de s'engager au moins par un côté, dans les déviations accidentelles ou volontaires, auxquelles toute voiture est exposée dans le cours d'un voyage.

En examinant en effet ces bandes de granit dans les villes qui en possèdent, on aperçoit un principe de corrosion sur les bords latéraux, et n'était le pavé auxiliaire, qui les protége, et qu'on a soin même de poser quelque peu en relief sur le niveau des bandes de granit, celles-ci prendraient bientôt sur leurs angles et tout le long de leur parcours une forme arrondie très-prononcée, qui déterminerait aisément avec le macadame quatre ornières longitudinales.

Il est vrai qu'on pourrait se contenter de garnir de macadame seulement le centre de la voie entre les deux rails de granit. En le soumettant à un damage fait avec soin ou à une forte compression, on le forcerait à chercher ses points d'appui contre les deux rails latéraux comme une voûte contre ses pieds droits, et à exercer sur eux une pression assez considérable, pour résister la plupart du temps à la formation des ornières dans l'intérieur de la voie. Quant aux accotements de la chaussée à droite et à gauche des rails, on pourrait les faire en pavé contre ces rails sur une largeur suffisante pour constituer un accompagnement convenable aux surfaces de roulement.

On pourrait croire, au premier abord, qu'un tramway de cette nature devrait coûter moins cher qu'un tramway en fer; mais il n'en est pas ainsi pour la plupart du temps.

En effet prenons, pour fixer les idées, les dimensions adoptées dans les rues de Turin à une seule voie. Chaque bande de granit a $0^m,60$ de large et $0^m,15$ d'épaisseur. La chaussée pavée entre les rails possède $0^m,80$

En adoptant ces données, nous aurions le devis suivant pour un tramway fait d'après les principes que nous venons d'établir.

DEVIS F

D'un tramway en granit avec chaussée intérieure en macadame et acottements pavés sur une largeur d'un mètre.

1° Granit pour 1 mètre de voie.		
Bandes de $0^m,60$ de large sur $0^m,15$ d'épaisseur, $0^{mc},18$ à 100 fr. le mètre cube	fr.	18 00
2° Tranchées pour la voie et les bandes de granit $1^m,20 + 0^m,80 = 2^m. 2^{mc} \times 0,15 = 0^{mc},30$ à fr. 0 50	fr.	0 15
3° Sable et pose des bandes de granit, raccords .	fr.	1 00
4° Macadame du milieu, 0^{mc}, à fr. 3 50. . . .	fr.	0 42
5° Battage et régalage	fr.	0 05
6° Pavage des accottements sur 1 mètre de large; 2 mètres carrés à fr. 1 20	fr.	2 40
TOTAL du coût de 1 mètre de voie pour un tramway en granit	fr.	22 02

Ce qui fait plus de 22,000 francs par kilomètre.

En comparant le chiffre définitif du devis précédent avec les chiffres des devis antérieurs A, C, D et E, on se persuade tout de suite que le système de tramway à rail plat de granit ne présente pas, dans la région de Turin au moins, un travail de construction plus économique que les autres tramways. Toutefois il est juste de dire que le prix du granit à Turin est surchargé de frais de transports énormes. Le granit provient du lac Majeur. Les frais de transport actuels par Arone, Novare, Alexandrie et Turin représentent un parcours de 193 kilomètres. Ce parcours serait assurément abrégé par le chemin de fer de Novare à Turin; la distance ne serait alors d'Arone à Turin que de 131 kilomètres; mais, comme cette ligne ne s'est pas entendue avec la ligne de l'État pour le passage des transports de l'un à l'autre chemin de fer sans changement de wagons, il s'ensuit que la marchandise d'Arone est obligée, pour éviter les transbordements à Novare ou pour se prêter aux lois d'une concurrence puérile, de descendre jusqu'à Alexandrie et de remonter en suite d'Alexandrie à Turin, c'est-à-dire de parcourir en tout 193 kilomètres, qui, au prix minimum de 0,0075 par quintal et par kilomètre, donnent pour un quintal de marchandise d'Arone à Turin. . . . . fr. 2,4475

Droit fixe. . . fr. 0,0075

Coût du transport de 100 kilogrammes, rendus d'Arone à Turin par Alexandrie. . . fr. 2,4540

Or, un mètre cube de granit pèse environ 2,720 kilogrammes, donc les frais de transport de ce mètre cube seront d'Arone à Turin de fr. 66 75 au moins.

A ces frais il faudrait ajouter ceux du transport des lieux de provenance Mergozzo ou Baveno jusqu'à Arone; mais, pour nous, il suffira de faire remarquer que le retranchement des frais de transport des 193 kilomètres de chemin de fer, réduisant le prix du mètre cube de granit de 100 francs à fr. 33 25, réduit aussi le chiffre du devis F de fr. 22 08 à fr. 9 96 le mètre linéaire de voie, 9960 francs le kilomètre.

Ainsi, toutes les fois qu'il s'agira de la création d'un tramway dans une localité voisine de roches granitiques, il conviendra de se servir de granit au lieu de fer.

Les tramways de granit peuvent rendre de grands services, et leur emploi pour la construction des voies secondaires de communication n'est pas à dédaigner. Les esprits sont tous tournés vers le fer, il est vrai; mais, en pratique, il faut se garder d'admettre des principes exclusifs et de croire, d'une manière absolue, que le granit soit inférieur au fer et les tramways aux railways.

Les tramways en granit appartiennent à la catégorie des tramways à transports libres, dont nous allons donner le développement et discuter les avantages dans les chapitres suivants.

M. l'ingénieur Bruschetti a proposé l'établissement de rails en fer dans les villes à côté des rails de granit, de manière à y former de véritables tramways à ornière.

Son système est représenté dans la *fig.* C que nous empruntons à son ouvrage. Il donne 45 centimètres de large à la chaussée pavée du milieu et 45 centimètres à chacun des rails en granit ; puis viennent les ornières à droite et à gauche, et enfin les rails en fer à champignon, de niveau avec la voie.

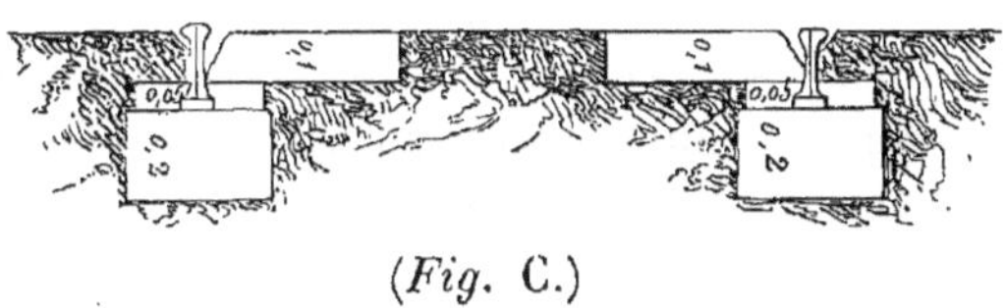

(*Fig.* C.)

La distance entre les deux rails en fer est donc de 1^{m},35 environ. La plupart des voitures de ville ont à peu près cette distance entre les roues de même essieu ; d'autres, comme les omnibus, par exemple, la dépassent facilement. Il y aurait donc quelque inconvénient, selon nous, à exposer le voiturage ordinaire à rouler plutôt sur le vide de l'ornière ou tout contre le rail en fer que sur le rail de granit.

Si encore les distances entre les rails en fer étaient calculées de manière à recevoir les wagons des chemins de fer et à permettre ainsi le transport des marchandises à domicile dans le wagon même où elles seraient arrivées de leur voyage, il y aurait assurément alors, dans la création de chemins de fer *intra muros*, un but d'utilité incontestable et qu'on ne saurait trop prendre en considération. Mais nous avons vu que la distance entre les plans verticaux des mentonnets des roues de même essieu sur les chemins de fer des États Sardes était de 1^{m},384 (voyez *fig*. 22 et 23). Les mesures adoptées par M. l'ingénieur Bruschetti devraient donc être modifiées de quelque peu, pour pouvoir être adaptées au service économique que nous venons de signaler.

Mais malheureusement il semble plus difficile de remédier à l'inconvénient qui résulte de la trop grande similitude des distances des roues de même essieu entre le matériel des chemins de fer et la carrosserie ordinaire. Il faudrait tout refaire pour adapter les voitures des deux systèmes aux deux genres de voies inaugurés au milieu des rues. En effet, ne serait-il pas nécessaire que les voitures libres eussent leur surface de roulement bien distincte par une distance suffisante des ornières et des rails du chemin de fer? Selon nous, le succès de ce système d'ordre composé, qui fait côtoyer sur leurs doubles rails, parallèlement à l'axe des rues, les deux genres de voies, consiste surtout dans la séparation bien tranchée des diverses espèces de surfaces de roulement, condition difficile à remplir avec les matériels roulants actuellement en usage. On se trouve en présence de cette alternative, de modifier la voie des voitures ordinaires ou de donner aux wagons destinés au parcours intérieur des villes des dimensions toutes spéciales, de manière que le tramway de granit, quoique encadré dans le tramway en fer, offrît cependant aux véhicules libres une largeur suffisante pour leur commode circulation, sans qu'ils fussent exposés à suivre toujours les ornières ou à friser les rails du tramway en fer. Si l'on s'arrête au premier parti, on se place devant une difficulté d'exécution sérieuse; et si l'on adopte le second, qui est directement abordable, on se voit obligé d'admettre un modèle de wagons tout différent de celui des chemins de fer de grande communication, et impropre au service commun de ceux-ci et du tramway *intra muros;* c'est-à-dire qu'on manque le but économique du projet. Autant donc se contenter des seuls rails de granit qui existent aujourd'hui, lesquels, bien coordonnés, peuvent rendre des services équivalents aux rails de fer. Qui sait même s'ils ne seraient pas susceptibles de porter les wagons des rail-ways en faisant rouler ces wagons sur le mentonnet des roues ?.... C'est une expérience à faire. Elle donnerait peut-être la solution imprévue de la question des transports à domicile sans transbordement.

SYSTÈME DE TRAMWAY A RAILS CONCAVES ET A ROULAGE LIBRE.

Ce système consiste en deux simples bandes de fer, légèrement concaves, comme le représente la *fig.* 9.

Divers gabarits ont été proposés pour les rails de ce genre de tramway; leur examen nous a conduit au rail légèrement concave que nous venons d'indiquer et qui fait l'objet de cette étude.

Chaque pièce de rail de la voie est assemblée avec la suivante par une espèce de coussinet ou plate-forme d'assemblage NM (*fig.* 9), qui embrasse, à la distance de quelques millimètres, les faces de droite et de gauche du rail.

Pour tracer la voie et mettre les rails à leur place, on creuse sur un des bas côtés de la route ou au milieu, comme pour les autres tramways, deux tranchées parallèles et à distance voulue, l'une pour le rail de gauche, l'autre pour le rail de droite.

Ces deux tranchées ont chacune dans la *fig.* 9bis, 0m,70 de large en tout, et 0m,15 de profondeur. Elles sont divisées chacune aussi en trois parties A, B et C, celle du milieu A a 0m,20 de large, c'est le compartiment du rail; les deux autres B et C ont 0m,25 chacune. On remplit ces dernières au moyen d'un béton parfaitement tassé. Pour empêcher ce béton d'envahir la division centrale ou compartiment du rail, on se sert d'une caisse O (*fig.* 9ter) qu'on enlève à mesure que le béton sèche.

On remplit ensuite chaque division centrale B, de bitume granitique jusqu'au niveau voulu par le dessous des plates-formes d'assemblage.

Mais avant d'aller plus loin nous ferons observer qu'on peut réduire encore les divisions A, B et C à de moindres dimensions, surtout celle du milieu, qui est réservée au lit de bitume sur lequel doit reposer le rail.

A cet effet, on détermine sur le terrain l'axe du rail, celui du rail de droite par exemple, et on prend en dedans de la voie 0m,24 centimètres à partir de cet axe (*fig.* 9ter), et 0m,36 en dehors. On creuse une tranchée entre ces deux limites, de 0m,60 centimètres seulement de large sur 0m,15 de profondeur. On remplit d'abord de béton tout le fond de cette tranchée sur une hauteur de 0m,08 centimètres environ.

On opère de même pour le rail de gauche. Puis on place dans l'axe des rails la caisse O un peu évasée et de 0m,18 de large en moyenne. Cette caisse a pour but de former un sillon vide destiné au bitume, car on continue de remplir de béton la tranchée générale à droite et à gauche de la caisse, jusqu'au niveau de la route.

Le béton une fois suffisamment solidifié, on enlève la caisse et l'on verse comme ci-dessus dans le sillon central qu'elle a laissé derrière elle un lit de bitume de 0m,33 d'épaisseur tout juste pour arriver au niveau du dessous des sabots d'assemblage.

On pose alors sur le bitume à la position et aux distances voulues les sabots d'assemblage. On y engage en même temps les rails en ayant soin de les soutenir de distance en distance, s'il est nécessaire, par des cales en bois, afin d'empêcher toute flexion de la bande.

On verse ensuite du plomb fondu dans les vents qui existent entre les dents ou mâchoires de chaque sabot d'assemblage et les portions des deux pièces de rail consécutives que ces mâchoires embrassent.

On aura soin seulement avant de faire cette opération :

1° De fermer avec un peu d'argile les issues latérales par où le plomb pourrait s'échapper ;

2° D'humecter légèrement d'huile les parties des rails qui devront recevoir le contact du plomb ;

3° De protéger contre l'envahissement du plomb fondu le vent de joint des deux pièces de rail consécutives par l'application d'une bande de papier sur le contour latéral de ce joint.

Ce système d'union de deux pièces de rails est préférable au boulonnage en éclisses, aux serre-rails et autres moyens d'assemblage.

Cela fait, on coule de nouveau du bitume granitique dans le compartiment du rail, jusqu'à la hauteur des bourrelets saillants, de manière à noyer sabots et rails tout à la fois dans le bain de bitume.

Pour compléter ce travail, on place au milieu de la voie, entre les deux murs de béton et sur 0m,10 à 0m,15 centimètres d'épaisseur, une couche de macadame parfaitement refoulé.

Dès lors le chemin de fer est terminé.

A la rigueur on pourrait supprimer les deux compartiments ou murs en béton intérieurs C (*fig.* 9bis) de manière que tout le centre de la voie, sur lequel agissent les chevaux, fût en macadame parfaitement tassé.

A notre avis, nous croyons ce système de tramway supérieur à tout autre.

Il permettrait en quelque sorte à toute espèce de véhicules de le parcourir, pourvu que les roues fussent faites avec le soin voulu et que les plans verticaux passant par la circonférence moyenne de l'épaisseur de la jante des roues fussent distancés, pour le même essieu, comme les axes PQ des deux rails de la voie (*fig.* 9 et 9bis).

Le cercle de fer qui borde ordinairement les roues des voitures, devrait être exécuté en forme de demi-cercle, d'un rayon toujours moindre (du 1/3 au moins) que le rayon de l'arc de la concavité du rail (voir la *fig.* 9).

Il est évident qu'un pareil système de route exige des voitures, des chariots ou des charrettes construits avec plus de soin et de précision que le matériel grossier qui parcourt aujourd'hui le plus souvent les routes ordinaires.

La charronnerie commune est en arrière de plusieurs siècles avec les progrès des autres branches de la mécanique pratique. Personne, nous ne cesserons pas de le répéter, ne s'occupe de cette question qu'on laisse résoudre par voie empirique à des charrons de village. Cependant (on l'a déjà vu au chapitre de la roue) elle est tout au moins aussi importante que celle de la voie. Cette négligence qu'on apporte dans la systémation du matériel roulant est d'ailleurs générale.

Elle a atteint, d'une manière relative au moins, les chemins de fer eux-mêmes, comme nous avons déjà eu occasion de le faire observer plusieurs fois dans le cours de cet ouvrage. Selon nous, le matériel roulant des chemins de fer présente à l'égard de la voie ferrée autant d'imperfections que le matériel roulant des routes ordinaires à l'égard des chaussées communes.

Il est évident que pour le tramway qui nous occupe, la condition d'un bon roulage consiste surtout dans la perfection de la route.

Il faut une roue parfaitement centrée et finie au tour, emboîtée sans jeu dans un essieu à patente et bordée sur sa jante d'un cercle de fer aciéré à section demi-circulaire (*fig.* 9).

Il est utile encore que le corps du véhicule repose sur des ressorts pour atténuer les chocs de la course.

Un tel système n'abandonnera pas facilement les rails concaves sur lesquels il serait lancé.

Qu'on place une bille dans le creux du rail et qu'on lui imprime une impulsion dans le sens longitudinal de la voie; elle suivra l'axe du rail ou sera sans cesse ramenée vers lui par la forme même de la surface sur laquelle il se meut.

Le cheval, moteur des tramways, suit d'ailleurs admirablement le sentier qui lui est tracé. et il ne dévie de sa ligne quecontraint par les secousses d'une route inégale. La surface de traction qui lui est réservée entre les deux rails, doit être faite avec soin, en macadame résistant et élastique, condition qui plaît singulièrement au pied du cheval. Le cheval abandonne difficilement une semblable chaussée.

Mais en même temps qu'on peut se maintenir sans difficulté sur la ligne des rails, on peut aussi, dans le genre qui nous occupe ici, en sortir à volonté. Il suffit pour cela d'obliger le cheval à un déviement par un léger effort.

Cette facilité de dérailler à plaisir rend raison de la dénomination de tramway à roulage libre que nous avons donnée au tramvay à rail concave et que celui-ci partage avec les rails de granit. Elle permet d'éviter les rencontres en un point quelconque du parcours comme sur les routes ordinaires. Par conséquent les voitures peuvent circuler en sens contraire sur la même voie du tramway à rail concave, sans autre inconvénient que celui de dérailler au moment de se croiser. Elles peuvent également se dépasser si elles suivent la même direction avec des vitesses diverses.

Les rails d'évitement, les cœurs, les aiguilles, les plaques tournantes, tous ces appendices coûteux et périlleux qui sont la partie faible et défectueuse des chemins de fer, disparaissent donc avec le rail concave. Les voitures de la voie publique peuvent d'ailleurs le traverser au besoin, sans qu'il soit besoin d'un contre-rail pour conserver l'ornière et d'un gardien de barrière pour ouvrir et fermer le passage.

Sa forme permettrait même aux wagons des chemins de fer de le parcourir. Il suffirait pour cela de donner aux axes des deux rails de la voie la distance des plans milieux des mentonnets des roues de ces wagons. Cette distance étant de 1^{m},384 en Piémont, comme nous l'avons déjà vu, il faudrait placer les axes I, J (*fig.* 9 et 9bis) des deux rails à la même distance.

Les wagons rouleraient alors sur leurs mentonnets. Les véhicules d'une autre nature céderaient le pas aux wagons en cas de rencontre.

Par ce moyen le chemin à rail libre pourrait faire le service des marchandises des lignes principales à locomotives, sans transbordement et avec les mêmes wagons.

Il est facile de concevoir comment le passage de l'un à l'autre rail aurait lieu. Au moment où le rail concave ferait défaut au mentonnet de la roue, le rail à champignon recevrait celle-ci sur son rebord rentrant. La manœuvre aurait lieu sans solution de continuité dans le roulage.

Pour mieux cimenter encore cette union des deux chemins de fer, on pourrait donner aux mentonnets des wagons à locomotive un peu plus d'épaisseur ou de corps.

D'ailleurs l'entretien du tramway à rail libre nous paraît réduit à sa plus simple expression ; ici, pas de bois qui pourrisse, pas de chevilles ni de coins qui jouent, pas de plaques de jointures qui sont toujours plus ou moins embarrassantes dans le cas de remplacement de longrines et de rails pour cause de réparation; le système entier, comme les pierres précieuses enchâssées du moyen âge, est noyé et fortement maintenu dans un empâtement solide et imperméable.

Quant au nettoyage absolu du rail, il peut même être exécuté tout simplement par un chasse-pierre ou balai placé en avant des roues de la voiture.

Le recurage des rails à ornière n'est pas aussi commode, il y faut employer le crochet en fer et les soins du cantonnier.

Toutefois il est juste de dire qu'on pourrait arriver la plupart du temps à dégager parfaitement l'ornière de tout encombrement au moyen d'un petit courant d'eau dirigé dans son intérieur. Il est évident que le rail concave ne se refuse nullement à ce procédé ; mais le balayage lui suffit.

La pression latérale que les roues à mentonnet exercent sur les rails des chemins de fer, est nulle ou indifférente avec le rail concave. En effet la roue n'agit pas sur celui-ci à droite plutôt qu'à gauche, à l'intérieur plutôt qu'à l'extérieur. Voilà pourquoi les traverses qui sont indispensables dans les autres espèces de voies ferrées pour maintenir toujours au même degré l'écartement des rails, sans cesse menacé par les chocs latéraux des mentonnets, sont inutiles dans les tramways à rails libres.

Enfin les chariots appropriés à cette sorte de chemins de fer peuvent non-seulement les abandonner en un point quelconque du parcours, mais encore poursuivre leur chemin en dehors des rails et arriver à des destinations excentriques au moyen des routes communes tout comme les voitures ordinaires.

D'ailleurs la voie des tramways à rails libres s'adapte plus facilement que celle des autres tramways sur toute espèce de routes.

Elle se prêterait merveilleusement, moyennant le paiement d'un droit à régler, à l'admission même de véhicules étrangers à l'entreprise. Il suffirait, pour atteindre ce résultat qui démontre toute l'élasticité économique du système, que les roues de ces véhicules fussent construites de manière à ne pas compromettre la forme des rails, c'est-à-dire établies tout simplement d'après les principes que nous avons posés plus haut et munies d'une jante semi-circulaire. Car, nous le répétons, à une route donnée il faut un matériel roulant en harmonie avec elle, à une voie perfectionnée il faut un matériel perfectionné aussi.

Nous avons indiqué dans le cours de cet ouvrage quelques règles générales de bonne construction en matière de voitures. Le peu que nous en avons dit doit suffire pour éveiller l'attention du praticien sur cette matière et l'empêcher peut-être de s'égarer.

Les frais de construction d'un tramway à rail de fer concave peuvent être évalués comme il suit dans le devis G.

DEVIS G

D'un tramway à rail de fer concave et à roulage libre établi sur une chaussée existante.

DÉTAIL POUR SIX MÈTRES DE VOIE.

La surface du gabarit du rail concave de la *fig.* 9 est de 0^{m2},0156. Le cube du mètre courant de rail sera de 0^{m3},0156, qui, à la densité de fer laminé, donnera pour le poids du mètre courant de rail 11^{kil},94165, soit 12 kilogrammes.

12 mètres de rails pesant 144 kilogram., au prix de fr. 0 34. . . . . fr.	48 96
Coussinets en fonte, placés de 3 mètres en 3 mètres, n° 4, pesant ensemble 8 kilog., à fr. 0 21 . . . . fr.	1 68
Cales de bois de mètre en mètre entre les coussinets, n° 8, à fr. 0 10 pièce . . fr.	0 80
Plomb fondu dans le vent des coussinets. Section du vent : 0^{m3},000108 sur 0^{m},10 de long. Cube du vent : 0^{m3},0000108 qui, à la densité de 11350, donne 0^{kil},1226. Pour quatre coussinets 0^{kil},4904, soit 0^{kil},50, à fr. 0 80 . . . . fr.	0 40
Pose des rails, main-d'œuvre et charbon . . . . fr.	0 10
TOTAL pour 6 mètres de voie. fr.	51 94

Ce qui fait pour le mètre courant de voie . . fr. 8 - 533

Tranchées latérales pour le béton et le bitume, surface génératrice d'ensemble, $0^{m2},09 \times 2 = 0^{m2},18$. 0^{m2},18

Tranchées de la chaussée du milieu sur 1^{m},067 de large et 0^{m},15 de profondeur p. les largeurs maxima

A REPORTER. fr. 8 - 533

	Report fr.	8 - 533
de voie adoptées dans la *fig.* 9 bis		
Surface génératrice augmentée. $0^{m2},17$		
Surface génératrice des tranchées $0^{m2},35$		
Pour 1 mètre de voie $0^{m3},35$ de déblai à fr.	0 50	0 - 175
Bitume granitique. Il se compose de 50 p. 100 de gravier fin et sable, et de 50 p. 100 de bitume naturel.		
Bitume naturel à 300 francs le mètre cube, 1/2 mètre cube. . . . . fr.	150	
Gravier choisi à 4 f. le mètre cube, 1/2me fr.	2	
Prix du mèt. cube de bitume granitique fr. mis en place.	152	
Surface génératrice de la tranchée de bitume $0,18 \times 0,07 = 0,0126$, et pour les deux tranchées 0,0252, $0^{m3},0252$, soit seulement $0^{m2},023$, à cause de la place des rails et coussinets dans le bitume, à 152 francs le mètre cube . . . . fr.		3 - 496
Béton. Surface génératrice. $0,60 \times 0,15 - 0,0126 = 0^{m3},0774$, $0^{m3},1548$ à fr. 13 50 . . . . fr.		1 - 045
Macadame du milieu de la chaussée, de $0^{m3},17$, à 4 fr. . . . . fr.		0 - 680
Accessoire, imprévu, main-d'œuvre . . . fr.		0 - 246
Total du coût du tramway à rail concave. fr.		14 - 175

OBSERVATIONS SUR LE PRÉCÉDENT DEVIS G.

Le coût kilométrique d'établissement du tramway à rail concave est donc de 14,175 fr. au maximum. Nous disons au maximum, parce qu'on peut lui faire éprouver des réductions en donnant moins d'importance aux tranchées du béton et du bitume. En outre nous avons admis pour le béton un prix que nous croyons élevé et que l'on pourrait réduire de fr. 13 50 à 10 francs par mètre cube. Pour former le prix de fr. 13 50, nous avons supposé la chaux à 44 francs le mètre cube, quand on peut la fabriquer soi-même bien au-dessous de 30 francs par l'emploi du four à feu continu, dit four-cornue, pour lequel nous avons pris de concert avec M. Duval un brevet d'invention sous la date du 1er septembre.

Aussi pouvons-nous avancer, sans crainte d'être démenti par le fait, que l'on pourrait faire descendre à 12,000 francs, au lieu de 14,000 francs par kilomètre, les frais d'établissement d'un tramway à rail concave, d'après le système que nous venons de décrire.

Si nous comparons ce résultat avec ceux des devis précédents A, B, C, D, E et F, nous voyons que le rail concave est de tous le plus économique et qu'il ne le cède pour le bas prix qu'au rail de granit dans le cas seul, où cette roche se trouverait voisine du tramway à construire.

Aussi le tramway à rail libre se recommande-t-il non-seulement par sa simplicité et par les avantages que nous lui avons reconnus plus haut, mais encore par son économie.

Trois systèmes économiques dominent les autres variétés de tramways : deux appartiennent aux tramways à roulage libre, le granit et le rail concave, l'autre aux chemins de fer à ornière ; c'est celui que nous avons désigné sous le nom de rail à contour courbe. Si donc pour des raisons que nous ne voulons pas discuter, les constructeurs de chemins de fer écartaient de leurs projets d'application les tramways à roulage libre, il leur conviendrait nécessairement de choisir, parmi les autres systèmes, celui du rail à contour courbe comme le plus économique après le rail concave.

Toutefois le rail concave ne doit pas être rejeté d'une manière absolue de la pratique; il peut être d'une utilité incontestable comme simple auxiliaire dans les chemins de fer à ornière pour les changements de voie et les courbes d'un très-petit rayon.

Il est évident que les roues à mentonnets, engagées dans l'ornière, présentent au parcours des courbes et aux changements de voie sous un angle ouvert une difficulté, qui provient de l'exiguïté de l'ornière dans laquelle plonge le mentonnet. Pour faire disparaître cet inconvénient, il suffirait de passer, dans ces cas, du rail à ornière au rail concave; ce qui peut avoir lieu au moyen d'un rail de transition représenté de face (*fig.* 18bis).

Le gabarit du premier plan ABCDEF de ce rail n'est autre chose que le gabarit du rail à ornière (*fig.* 18), contre lequel il s'applique et auquel il fait suite dans l'enchaînement de la route.

Le gabarit de derrière *abcdf* (*fig.* 18bis) est celui d'un rail concave.

La même pièce de rail est représentée en coupe A'F'*f'a'* dans la *fig.* 21 sur une échelle moindre et en plan A"B"*b"a"* dans la *fig.* 21 sur une échelle plus petite encore.

L'intervalle qui existe entre les deux profils extrêmes de ce rail, passe insensiblement du gabarit à ornière au gabarit du rail concave, de manière que la roue MJ (*fig.* 18bis), qui à l'entrée reposait sur un point J de sa jante intérieure, comme le fait voir la figure, est amenée à s'appuyer en sortant sur son mentonnet suivant l'axe du gabarit concave.

Le rail qui fait suite est naturellement concave aussi et continue le chemin de fer.

Cette transformation du tramway à ornière en tramway à roulage libre peut être mise avantageusement à profit, toutes les fois qu'une courbe de court rayon présentera un parcours difficile avec l'ornière, ou bien encore pour résoudre par un moyen pratique d'une grande simplicité la question d'établissement d'un changement de voie, comme les *fig.* 20, 21, 22 et 22bis le font voir.

Pour unir les différentes pièces de cette transformation, nous avons adopté les coussinets, comme le représentent les mêmes figures que nous venons de citer, et les *fig.* 12 et 18 aussi. Dans la *fig.* 18 le coussinet n'est dessiné qu'à moitié.

Cette modification opportune de la voie, introduite dans la construction des tramways et que nous n'hésitons pas à appeler un perfectionnement, complète ce que nous avions à dire d'essentiel sur ce genre de chemins de fer.

Nous ajouterons seulement, pour ne laisser rien en arrière, quelques observations de détail.

La jointure d'une pièce de rail ou d'une longrine à une autre est masquée au-dessous des rails et au-dessus des longrines par une plaque de fer, qui enjambe sur deux pièces à la fois (*fig.* 13, 26 et 31).

Cette disposition présente quelque embarras en cas de réparation, pour substituer aux pièces altérées des pièces en bon état.

En effet, si l'on pouvait remplacer, par exemple, une pièce de rail toute montée sur sa longrine à une autre de la voie, il y aurait rapidité dans la manœuvre et le service du chemin n'en souffrirait aucun retard.

Mais dans le cas des plaques ou des coussinets de jointure, ces accessoires s'emboîtant sur deux longrines, il est difficile d'enlever d'un bloc, la pièce de rail à changer et ses longrines, sans déranger l'enchaînement du système.

En plaçant, au lieu de la plaque de jointure horizontale adoptée dans le système Loubat (*fig.* 13, 26 et 31), deux plaques sur les faces inclinées des longrines comme dans la *fig.* 14, on arriverait à un palliatif de l'inconvénient ; car on pourrait avec cette dernière disposition, en cas de réparation, enlever à la rigueur ces deux plaques latérales en dessous des rails, ce qui permettrait de substituer un rail tout posé sur ses longrines à un autre sans déranger les rails suivants.

Mais selon nous il vaudrait mieux supprimer entièrement les plaques de jointure. A quoi servent-elles en fait ? Elles ne font pas le service de coussinets, puisque les rails sont fixés par les chevilles. Si leur utilité consiste à couvrir le trait d'union des longrines, on peut y arriver plus simplement par une coulée de bitume et l'inconvénient des plaques pour le cas des réparations partielles aura disparu radicalement avec ce moyen.

D'ailleurs nous n'avons pas besoin de faire observer en faveur du tramway à rail concave, établi d'après le système que nous avons indiqué tout à l'heure, que le changement d'une pièce de rail en une autre peut y avoir lieu sans dérangement des pièces adjacentes ; car il suffit, pour cela faire, d'enlever chaque pièce au moyen du fer et du feu, soit qu'on veuille séparer le rail, du bitume où il est noyé, ou le détacher du coussinet, dans lequel le retient le plomb fondu. Le coussinet, à moins qu'il n'ait besoin lui-même d'être réparé, reste toujours en place dans son empâtement de bitume.

Nous avons supprimé, pour le cas du rail concave, le bois comme support des rails et nous lui avons substitué un lit de bitume granitique. Rien ne s'oppose d'appliquer cette même substitution aux autres espèces de tramways, comme aussi de rendre au rail concave la longrine de bois, au lieu du lit de bitume.

D'ailleurs, variées sont les combinaisons que l'on peut faire par le mélange des systèmes, en empruntant aux divers genres de tramways que nous avons décrits, les éléments qui les distinguent, pour les introduire ailleurs. C'est ainsi que l'on peut appliquer les traverses en fer du système Henry aux tramways à ornière.

Nous allons donner un exemple de ces combinaisons pour notre rail à contour courbe et nous en formerons ainsi un genre de tramway tout nouveau, tant par ses accessoires que par le profil de son rail.

SYSTÈME MODIFIÉ DU RAIL A CONTOUR COURBE.

D'abord nous supprimons les plaques de jointure comme inutiles.

Ensuite au lieu de longrines de $0^m,05$ de hauteur nous admettrons des longrines de $0^m,06$ d'épaisseur seulement sur la largeur ancienne de $0^m,11$. Ce peu d'épaisseur des longrines permettra de tenir la chevilles d'attache CK (*fig.* 30) et sa clavette L au-dessous de la longrine même.

Nous remplaçons les traverses de bois par des tringles en fer carré de $0^m,02$ de grosseur. Ces tringles sont entièrement droites, elles sont un peu plus longues ($1^m,62$) que la largeur de la voie. Elles sont percées à leurs extrémités de quatre trous à clavettes, deux par extrémité et dirigés tous dans leur longueur suivant le même plan d'axe de la barre de fer.

Si nous considérons seulement une des extrémités de cette traverse, nous verrons que les deux trous et les deux clavettes qui lui appartiennent, sont écartés les uns des autres d'un peu plus de $0^m,11$, distance qui représente la largeur des longrines.

Deux plaques de tôle munies chacune d'une échancrure sont annexées à cette extrémité. On les place à cheval sur la traverse entre la clavette qui les presse et les longrines qu'elles doivent embrasser.

Une traverse seule suffit pour chaque jointure de deux longrines consécutives.

Ces longrines sont évidées à leurs extrémités inférieures de manière à laisser passer la barre de fer, qui ferme ainsi la jointure au-dessous et sert de soutien à la fois aux deux longrines consécutives.

Ce n'est que lorsque les tringles de fer et les longrines sont placées sur la voie qu'il convient de poser les plaques de tôle à cheval par leur échancrure sur les traverses et les clavettes dans leurs trous, à droite et à gauche des longrines, de manière que les plaques couvrent latéralement les jointures et saisissent entre elles deux à deux comme dans une mâchoire d'étau, les extrémités de deux longrines consécutives.

Nous donnons à la tranchée des longrines, une profondeur de $0^m,10$ sur $0^m,14$ de long.

Nous appliquons au fond de cette tranchée une couche de $0^m,03$ de bitume granitique.

On marque dans ce bitume la place destinée aux clavettes et aux saillies des chevilles d'attache.

On pose les traverses, les longrines, les plaques, les clavettes et les rails à la suite de ce lit de bitume.

Une fois cette pose achevée, on noie le tout jusqu'au niveau de la route, mais en laissant libres les ornières de la voie, dans une coulée de bitume granitique, laquelle comble à droite et à gauche des longrines les vides de $0^m,015$ environ qui existent encore dans la tranchée et couvre même, à défaut des plaques de jointure, les joints des longrines.

Le chemin de fer, macadamé en dernier lieu avec soin, est dès lors établi.

Son prix de revient n'est plus celui du devis E, mais il est donné par le devis suivant H.

DEVIS H

D'un tramway à contour courbe modifié d'après les règles précédentes.

LÉGENDE POUR SIX MÈTRES DE VOIE.

12 mètres de rails, au poids total de $133^{kil},30$, à raison de fr. 0 34.	fr.	45 - 280
15 chevillettes simples de $0^{m},006$ de diamètre et de $0^{m},07$ de long .	fr.	0 - 300
15 chevillettes à clavette de $0^{m},007$ de diamètre et de $0^{m},095$ de long.	fr.	1 - 500
15 clavettes, à fr. 0,05 pièce. . .	fr.	0 - 750
15 trous à percer dans le rail pour chevilles simples	fr.	0 - 750
15 trous à percer dans le rail pour chevilles à clavette	fr.	0 - 900
12 mètres de longrines formant $0^{m3},0924$ à fr. 70.	fr.	6 - 468
3 traverses en fer carré de $0^{m},02$ d'épaiss., poids 10 kil., à fr. 0 34	fr.	3 - 400
12 plaques de jointure de $0^{m},005$ d'épaisseur, sur $0^{m},05$ de large et $0^{m},08$ de long, $0^{m3},00002$ par plaque, poids $0^{kil},153$; total $1^{kil},224$, à f. 0 34	fr.	0 - 416
12 trous à clavette à percer dans les traverses, à fr. 0 05.	fr.	0 - 400
12 clavettes à fr. 0 06	fr.	0 - 480
TOTAL. . .	fr.	60 - 644

Pour 1 mètre linéaire de voie, 1/6 . . . . fr. 10 - 107

Tranchées des longrines. Surface génératrice $0^m,14 \times 0,10 = 0^{m2},014$.

Pour 1 mètre linéaire de voie $0^{m3},028$ à fr. 0 50. . . . . fr. 0 - 014

Bitume. Lit du fond $0^m,14 \times 0,03 = 0^{m2},0042$ pour 1 mètre linéaire de voie $0^{m3},0084$ $0^{m3},0084$

Bain de rempliss. $0^m,07 \times 0,03 = 0^{m2},0021$ pour 1 mètre de voie . . . . . . $0^{m3},0042$

$0^{m3},0126$

à fr. 152 1 - 916

Tranchée de la chaussée, comprenant celle des traverses. La voie entre l'axe des ornières, supposée de $1^m,384$; la tranchée qui reste à faire entre les deux bitumes, est de $1^m,354$ de large sur $0^m,10$ de profondeur. $0^{m3}1354$ pour 1 mètre linéaire de voie, à fr. 0 50 le mètre cube . . . . fr. 0 - 068

Macadame $0^{m3},1354$, à 4 fr. le mètre cube . fr. 0 - 542

Main-d'œuvre pour évider les longrines et les percer, pose, accessoires . . . . fr. 3 - 000

Coût de 1 mètre de voie terminée. . . fr. 15 - 647

Ou, pour 1 kilom. 15,647 fr., soit 15,650 fr.

Nous avions trouvé par le devis F que le tramway à rail courbe, au prix kilométrique de 18,111 francs était le moins coûteux de tous les tramways à ornière ; le devis H précédent, qui fait tomber ce prix à 15,650 francs, ne fait que confirmer ce résultat. Mais le rail concave n'en reste pas moins encore le plus économique de tous les tramways.

Il y a dans ce système modifié de tramway à rail courbe deux organes, dont la conservation est importante, la longrine et la traverse; la première en bois et la seconde en fer comme dans le système Henry.

Nous avions promis d'indiquer une méthode rationnelle pour préserver le bois de la destruction naturelle, mais nous devons céder à l'avis de quelques personnes intéressées avec nous dans le procédé et nous abstenir de cette publication.

Quant au fer, on emploie généralement pour la conservation des peintures à base de plomb ou bien l'étamage au zinc, qui constitue le fer galvanisé.

Mais ces moyens retardent le mal sans y porter un remède efficace. Il existe une peinture chimique très-simple et à bas prix, qui garantit le fer mieux que les autres couvertes ordinairement employées. Il ne nous est pas permis de publier encore ce procédé.

D'ailleurs le bain de bitume dont nous enveloppons les longrines et les traverses dans le système modifié de tramway à rail courbe, est lui-même un préservatif excellent pour le bois et pour le fer. Il suffit aux exigences pratiques de la construction.

Les rails en fonte ont cédé la place dans la construction des chemins de fer aux rails en fer laminé, ceux-ci même doivent à leur tour disparaître devant les rails en fer aciéré. Toutefois nous pensons que les premiers pourraient être employés souvent avec avantage pour les petites lignes, dans les pays surtout où les fontes aciéreuses sont à bas prix. Aussi donnerons-nous ici, comme étude complémentaire des tramways, l'exemple d'un tramway en fonte.

TRAMWAY EN FONTE.

La forme qui convient le mieux aux rails de fonte est selon nous le gabarit du rail à vis (*fig.* 18).

Toutefois ce gabarit demande dans ce cas à être renforcé de quelque peu sur sa base, et nous lui ajoutons à cet effet une épaisseur du $0^{m},005$ dans la plus grande largeur.

Le gabarit de ce rail avait en surface.	$0^{m2},0023$
L'addition que nous lui faisons de $0^{m},005 \times 0^{m},10 =$	$0^{m2},0005$
porte cette surface génératrice à	$0^{m2},0028$

Nous ne donnons à chaque pièce de rail en fonte que 2 mètres de longueur et nous appliquons 4 vis d'attache par pièce.

La longueur des longrines coïncidera donc avec chaque pièce de rail, circonstance qui rendra faciles et rapides les changements de rails sur la voie en cas de réparation.

D'ailleurs nous laissons tout le reste de la construction dans les mêmes conditions que dans le devis D. Nous nous contentons seulement de supprimer les plaques de jointure.

D'où il résulte le devis suivant.

DEVIS I

D'un tramway à rail à vis en fonte.

Surface génératrice du gabarit de la *fig.* 18, 0^{m2},0028.

Cube du mètre courant 0^{m3},0028, qui, à la densité de la fonte 7200, donne 18^{kil},76.

12 mètres de rail, au poids de 225^{kil},12, font, à raison de fr. 0 21.	fr.	47 - 276
24 vis à bois (4 par chaque 2 m.), à fr. 0 06.	fr.	1 - 440
24 trous de vis (1) à aléser, à fr. 0 02 . . .	fr.	0 - 480
18 mètres de longrines et traverses 0^{m3},27 à 70	fr.	18 - 900
6 coins, à fr. 0 10 pièce.	fr.	0 - 600
Immersion dans la glu marine	fr.	5 - 400
Pierraille 1^{m3},05, à fr. 3 50	fr.	3 - 675
Main-d'œuvre, tranchées, etc., à 5 fr. le mètre.	fr.	30 - 000
TOTAL.	fr.	107 - 771

Prix du mètre courant de voie construite, 1/6 17,962 ou 17, 962 francs par kilomètre.

Nous obtiendrions une réduction dans ce prix en appliquant à ce système la même combinaison que nous avons faite pour la construction du tramway à rail courbe, devis H.

DU TARIF DES TRANSPORTS SUR LES TRAMWAYS.

Pour compléter notre travail nous rechercherons le prix de revient des transports sur les tramways, comme base du tarif à établir pour ces mêmes transports.

Rien de plus facile que d'évaluer ce prix par voie de comparaison. Le résultat n'aura pas assurément par cette méthode

(1) Les trous des vis percés dans le plat-fond de l'ornière des rails sont coulés avec la fonte.

l'évidence du fait, mais il sera d'une approximation suffisante pour fixer les idées à ce sujet.

Le roulage accéléré (France), marchant avec une vitesse moyenne de 30 à 36 kilomètres par jour, porte son prix de revient pour les transports à

$0^{fr},15$ ou $0^{fr},18$ par tonne et par kilomètre,

y compris l'intérêt du capital de construction des routes parcourues pour $0^{fr},01$ et les frais d'entretien annuels.

Mais nous avons vu que sur les tramways un cheval traîne aisément avec une vitesse de 12 kilomètres par heure, un poids huit fois plus grand que le roulage sur routes ordinaires : le prix de revient du transport sera donc huit fois moindre, mais avec une vitesse six fois plus grande au moins. Ainsi on peut établir le prix de revient de transport d'une tonne de marchandise transportée

à 1 kilomètre à $\frac{0^{fr},18}{8} = 0^{fr},0225$,

ou à $0^{fr},04$ en supposant de plus 1 centime pour le surcroît de dépense dans la construction de la voie et une fraction pour rectification dans le mode de calcul.

Le tarif des prix de transport du chemin de fer de l'Etat de Turin à Gênes à petite vitesse, est assis sur les chiffres suivants :

1re classe	$0^{fr},16$	par tonne et par kilomètre, sans compter le droit fixe.
2e classe	$0^{fr},14$	
3e classe	$0^{fr},12$	
4e classe	$0^{fr},10$	

Quant au transport des voyageurs, nous prendrons pour point de comparaison la diligence, parcourant 200 à 250 kilomètres par jour.

Son prix de revient semble être de $0^{fr},06$ à $0^{fr},07$ par voyageur.

Un cheval traîne sur un tramway avec une vitesse de 15 à 20 kilomètres à l'heure un poids six fois plus grand ; donc le prix de revient sur les tramways avec une vitesse presque double de la diligence sera, sans erreur sensible, six fois moindre ou $0^{fr},01$, ou $0^{fr},025$ au plus avec les augmentations et les rectifications.

Le tarif du chemin de fer de Gênes à Turin pour le transport des voyageurs est le suivant :

1re classe.	0fr,10
2e classe.	0fr,07
3e classe.	0fr,05

mais avec une vitesse double.

On voit par la comparaison des prix du tarif des rail-ways et des prix de revient probable des tramways, quelle marge il y a en faveur de ces derniers et les avantages que ces sortes de route doivent présenter aux entrepreneurs d'une part et au commerce de l'autre, non-seulement sur les voies de communication ordinaires, mais encore sur les chemins de fer à locomotive.

Le résultat de cette comparaison n'a pas besoin d'autres commentaires. D'ailleurs la continuité du service est toujours assurée sur les tramways comme sur les rail-ways, sans interruption de saisons.

Il résulte de ce qui précède, que les tramways pourraient établir leur tarif avec un bénéfice considérable à un prix moyen, de moitié plus petit que les chemins de fer à locomotive.

Toutefois dans le cas de pentes nombreuses sur la route, ce tarif devrait être rapproché de celui des rail-ways. On en trouvera la raison dans les données suivantes que nous empruntons à M. Loubat :

Si la traction sur les voies ferrées comparées à celles sur les routes ordinaires est, pour le cas du niveau, dans le rapport de 1 à 8, elle n'est plus que dans le rapport

de 1 à 3 1/4 avec 0,03 de pente,
de 1 à 1 3/4 avec 0,06 de pente,
et de 1 à 1 1/4 avec 0,08 de pente.

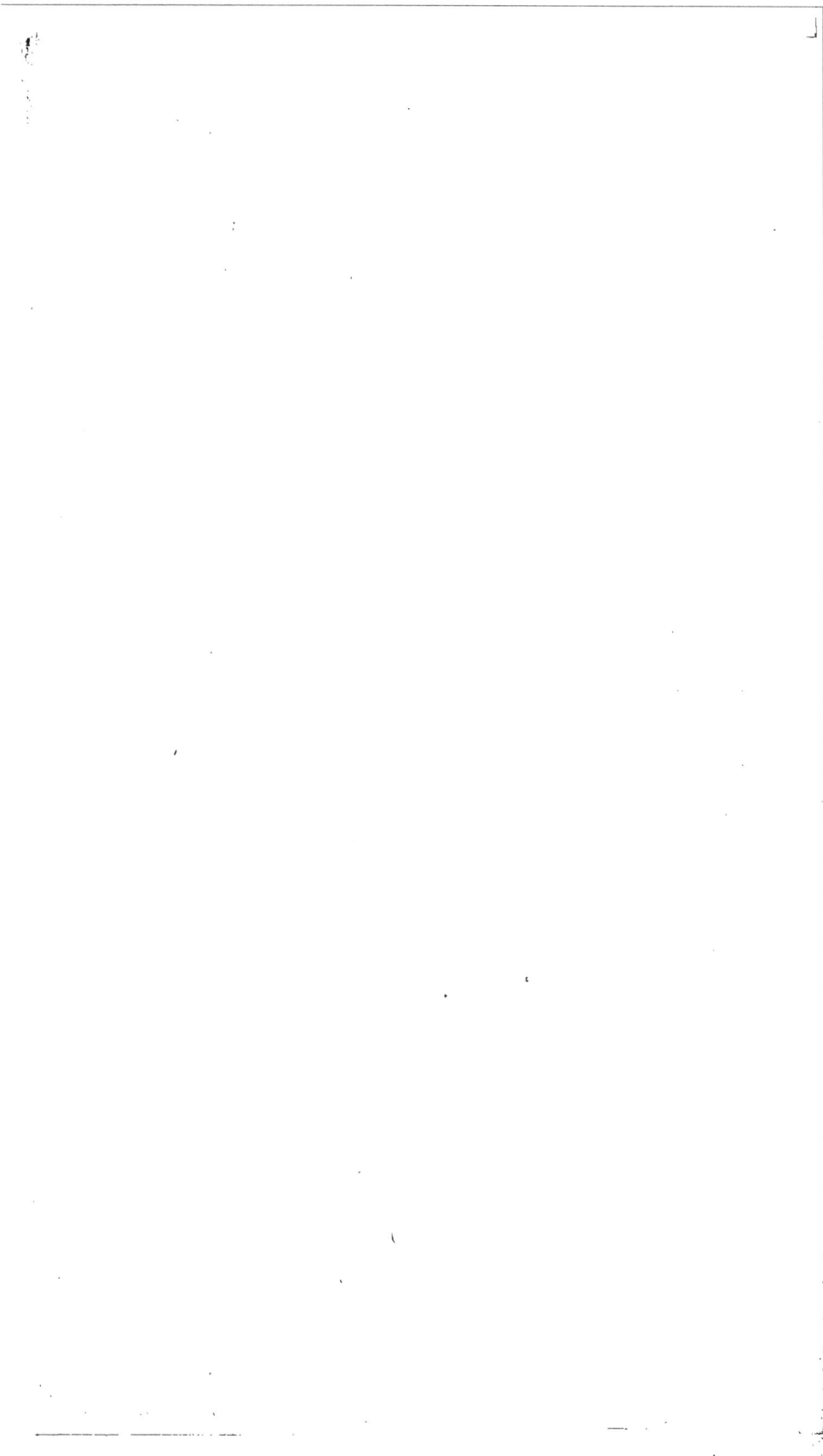

CONCLUSION.

Notre tâche est désormais remplie. Il résulte des études précédentes que si les chemins de fer constituent, malgré leurs imperfections, un progrès immense dans la solution économique du problème des transports à grandes distances, il y a encore tout à faire pour les voies secondaires. Nous avons donné pour celles-ci diverses espèces de tramways. Nous espérons que notre travail jettera quelque lumière sur cette question, assez mal appréciée jusqu'à présent. L'impression immense que les locomotives et la systémation mécanique des chemins de fer a faite sur l'imagination des populations entraîne même les meilleurs esprits au delà du but. On ne rêve que rail-ways partout et toujours, même dans les conditions les plus désavantageuses pour de semblables créations. Il n'y a pas de ville, de commune, nous dirons même de bourgade, qui n'ait la prétention d'avoir son chemin de fer, ses moteurs à vapeurs, ses machines, son armée d'employés et tout ce qu'entraîne à sa suite un système aussi coûteux dans son établissement que dispendieux dans son entretien. Mais dans l'ordre économique des faits sociaux, il faut à chaque chose sa destination, à la locomotive les grandes voies de communication et aux tramways les chemins de traverse. L'essai malheureux des embranchements de Bra et de Vigevano est là pour démontrer la vérité de nos paroles. L'application pour être féconde doit être adaptée aux circonstances, en d'autres termes, elle doit être vraie. La nature n'a horreur du vide qu'à dix mètres de hauteur, comme disait l'école ancienne. La pratique humaine a aussi ses règles et ses limites, et celui-là est vraiment sage et habile qui sait le mieux mesurer à ses forces et à ses moyens le domaine de ses entreprises.

Le Piémont trop surexcité n'a-t-il pas entrepris des affaires au delà de ses forces et ne subit-il pas aujourd'hui, dans la crise financière générale, une crise spéciale due à l'excès de ses opérations industrielles!

Mais telle n'est pas la question qui nous occupe, et nous voulons appliquer à bien autre chose les maximes de sage modération que nous venons de poser.

Il ne s'agit pas, pour les transports sur les embranchements, de marcher avec une vitesse furibonde, mais que pouvoir marcher toujours, sans que la mauvaise saison y puisse apporter obstacle ou interruption.

Que d'industries négligées au fond des vallées viendraient au jour avec des moyens de transport économiques et assurés, que de villes déchues refleuriraient encore, que de villages ignorés prendraient un nom sur le marché commercial du Royaume, que de ressources, délaissées par le découragement de la lutte des populations excentriques contre des routes impraticables, viendraient grandir le domaine productif du peuple ! En voyant l'espace se resserrer autour de lui par l'accroissement de la population et la diminution de ses moyens d'existence, l'habitant des grandes villes transporte ses pensées vers des contrées éloignées. Il voit la mer lui apporter en masse des produits étrangers par l'entremise du port de Gênes, il franchit l'espace en pensée et rêve dans les savanes américaines l'abondance et le bonheur, quand le bonheur et l'abondance sont près de lui, à la portée de son bras et à la mesure de son pouvoir. Mais l'organisation politique et administrative de l'Europe est tellement faite qu'au lieu de favoriser l'activité humaine, elle l'arrête et l'éteint. Sous prétexte de diriger l'économie des peuples, elle en empêche les développements logiques. Les particuliers, comme les associations, rencontrent à tous pas des obstacles invincibles. Le formalisme tue l'esprit, émousse le courage et conduit à l'avortement de l'œuvre.

Les peuples sont-ils faits pour les administrations ou les administrations pour les peuples? A voir comment les choses se passent, on serait tenté de croire que l'on vit sous le régime de la première partie de cette antithèse ; tandis que c'est dans la seconde peut-être, dans son application franche et loyale aux questions d'utilité publique, que se trouve tout simplement la solution du problème social qui pèse tant sur notre époque et qu'on va chercher si loin ! Mais la politique spéculative égare les esprits et les détourne des voies simples et pratiques. Les obstacles restent, et les améliorations, si elles n'avortent pas tout à fait, ne se réalisent que trop lentement pour les besoins croissants des populations et pour la durée de la vie humaine. Aussi en appliquant ces considérations générales au cas spécial du Piémont et au sujet qui nous occupe, sommes-nous à nous demander : Combien de temps faudra-t-il pour compléter le réseau des chemins de fer sardes, nous ne disons pas seulement dans ses grandes artères à locomotive, qui sont encore incomplètes, mais surtout dans ses ramifications de détail au moyen des tramways ? On n'a pas fait le moindre essai de ce genre ; tandis que l'Amérique, où la volonté privée vaut quelque chose, relie déjà ses vallées secondaires aux grandes lignes par un nombre toujours croissant de petits chemins de fer à chevaux.

Il resterait encore, pour étendre le domaine de la locomotive en Piémont, à prolonger surtout la ligne de Coni à Nice d'un côté, et de d'autre de Coni à Pavie, en passant par-dessus le chemin de fer de l'État à Truffarello et touchant, chemin faisant, à Turin, à Casale et à Sartirana. Avec cette annexe, il y aurait à Turin un croisement important de lignes, dont deux viendraient de la mer par les deux extrémités de la côte maritime du Piémont, ce qui, à notre avis, est préférable aux lignes intermédiaires.

Mais dans les intervalles que comprend ce réseau à locomotives, quel immense espace reste encore à remplir par les tramways, pour enlever d'une part les villes excentriques à un isolement funeste, et pour apporter de l'autre aux lignes mères le tribut de transports qu'elles méritent.

Est-ce là une étude qui ne doive être faite et exécutée que par les voies administratives ordinaires ? Nous croyons qu'ici au moins, il serait utile de se relâcher de toutes ces rigueurs impératives, qui retardent et arrêtent, et de laisser aux villes, aux communes et même aux particuliers une sage latitude pour leurs décisions d'abord, et pour leurs moyens d'exécution ensuite. Si le principe fécond du *laisser faire* est susceptible de critique dans son sens absolu, serait-il au moins sans danger dans la circonstance spéciale, où nous le considérons comme le plus propre pour assurer la prompte réalisation du réseau complémentaire des chemins de fer des États Sardes.

Nous voudrions donner à ces réflexions générales trop courtes, trop incomplètes, les développements qu'elles comportent ; mais nous sortirions du cadre que nous nous sommes tracé. Nous laissons ce soin à l'esprit public et aux économistes. Quant à nous, nous avons atteint notre but. En soulevant, dans ce dernier chapitre, des questions d'un autre ordre que celles d'un ouvrage technique, nous avons voulu laisser entrevoir, comme le couronnement de notre travail, quel horizon se déroulait à la suite d'études aussi arides, où nous discutons du poids d'un rail, de la forme d'une traverse et de l'économie d'un clou. Ici les fatigues de la création, les rudes préceptes du métier, là les résultats de l'œuvre, la moisson des produits, la richesse.

APPENDICE.

Au moment de terminer cet ouvrage, on nous donne connaissance d'un nouveau système de rail à forme cylindrique. Nous nous empressons d'en donner communication à nos lecteurs.

Les rails à établir sur les routes communes, désignés par le nom de chemins auxiliaires *économiques*, sont appelés à compléter les embranchements des lignes de fer, comme les chemins communaux complètent les routes impériales et départementales.

Les transports par chevaux devant être plus rapides et moins coûteux sur les voies ferrées que sur les voies de terre livrées gratuitement au roulage, il faut que l'économie dans les frais de traction soit plus grande que les dépenses d'établissement et d'entretien de rails.

Cette condition fondamentale exige que les lignes de fer opposent à la rotation des roues la résistance *la plus faible et que leur durée* soit la plus grande possible.

Pour chercher à remplir cette condition, M. Galy-Cazalat a choisi la forme cylindrique de préférence à toute autre qu'on pourrait donner aux deux côtés d'un chemin auxiliaire.

Dans son nouveau système, des cylindres de fer plein sont fixés bout à bout, dans un sillon garni d'une couche de béton hydraulique qu'ils dépassent de manière à former sur le sol deux lignes parallèles de rails convexes, peu saillants, sur lesquels roulent les voitures dont les roues sont creusées en gorge comme des poulies.

Ces rails ayant six centimètres de diamètre et cinq mètres de longueur sont amincis à leurs extrémités en forme de tourillons.

Pour prévenir leur enfoncement par le poids des voitures, les bouts contigus des cylindres sont encastrés et fixés sur un dé de bois ou de fonte par une bride en fer qui embrasse les extrémités des tourillons juxtaposés. Indépendamment de leur appui sur les dés et sur le béton hydraulique, les rails sont maintenus contre la pression verticale des roues qui les parcourent, et contre la poussée latérale des voitures de roulage, par des supports de fonte espacés de un mètre cinquante centimètres.

Ces supports embrassent la partie inférieure du rail en présentant de chaque côté un épaulement de trois centimètres de large, sur vingt-cinq de longueur.

Le parallélisme des deux lignes est maintenu par les gorges des roues et par des traverses de fer dont les bouts aplatis sont boulonnés sur les dés correspondants.

La saillie des rails ayant au plus deux centimètres oppose une résistance insignifiante à la traversée des voitures ordinaires qui ne sauraient ni la briser ni la renverser. Sa forme *convexe,* empêchant l'adhérence du sable et de la boue avec le fer, rend la résistance à la traction *notablement* plus faible que sur les rails boueux de niveau avec le sol.

Les roues sont maintenues par leurs gorges plus sûrement et avec moins de frottement que les roues à boudin dirigées par des ornières qui ont l'inconvénient de se remplir de cailloux.

Quand la partie supérieure d'un rail *cylindrique* est usée, il suffit de desserrer les écrous des deux brides qui le maintiennent pour pouvoir le tourner, afin de lui donner, à chaque portion de tour, la même solidité et le même poli que lorsqu'il était neuf.

En résumé, les chemins de fer auxiliaires de M. Galy-Cazalat peuvent réunir les conditions d'économie, de stabilité, et de réparation facile. Mais il faut que l'expérience vienne sanctionner les espérances de cet éminent ingénieur, car c'est en les présentant que l'on voit surgir des difficultés qu'il faut vaincre encore pour arriver au perfectionnement complet.

M. Galy-Cazalat est également l'inventeur d'un frein hydraulique. Il arme chaque voiture d'un frein basé sur l'incompressibilité de l'eau.

Cet appareil, d'une extrême simplicité, n'exige aucun effort pour opposer *instantanément* à la rotation des roues une résistance invincible : il suffit de fermer plus ou moins la clef d'un robinet pour ralentir à volonté la marche, ou de la fermer complétement quand on veut arrêter la voiture.

NOTES

sur les éléments de formation des prix des matériaux, composant les devis du présent ouvrage.

En donnant ces notes nous voulons laisser le moyen d'expliquer les anomalies, qui peuvent se présenter entre nos devis établis à une époque et pour une localité déterminée et ceux qu'on pourrait dresser ensuite et ailleurs. Il y a toujours des quantités variables avec le temps et le lieu. Mais comme nous avons constamment admis les mêmes données pour tous les systèmes de tramways, les rapports qui peuvent les différencier, sauf erreur de notre part, resteront invariablement les mêmes.

PRIX DES 1000 KILOGRAMMES DE RAILS.

Le prix des rails en Angleterre est évalué, en moyenne, à 222 francs les 100 kilogrammes.		fr. 222
Frêt de Liverpool à Gênes	fr. 36 00	
Transport de Gênes à Turin	fr. 16 70	
Frais à Gênes	fr. 5 00	
Frais à Turin	fr. 1 00	
Transport des rails de la station de Turin aux environs de Turin	fr. 9 30	fr. 68
Droits d'importation, supposés réduits du 40 p. 100 comme pour les autres chemins de fer.		fr. 48
Soit : 340 fr. la tonne.		fr. 338

PRIX DES 1000 KILOGRAMMES DE COUSSINETS.

Le prix des coussinets peut être évalué, en Angleterre, à 5 livres sterling 3/4 la tonne de $1025^{kil},50$ rendue a bord, ce qui fait environ . . . . 140 fr. les 1000 kilog.

Frais comme ci-dessus pour transports 68 fr.

208 fr. la tonne.

Soit : 210 fr. les 1000 kilogrammes.

PRIX DU MÈTRE CUBE DE BÉTON.

Le béton se compose de 1 de mortier contre 2 de gravois.

Mortier. Composition de 1 de chaux contre 1 1/2 de sable. La chaux propre au mortier pour béton ne foisonne guère que de 1/3.

1 mètre cube de chaux maigre coûte $5^{fr},50$ les 100 kilogrammes (Casale ou Superga), soit : 45 fr. le mètre cube, qui donnera par l'extinction $1^{m3},30$.

Frais de l'extinction $\frac{1}{45^{fr}}$, qui représentent le prix de $1^{m3},30$ de chaux éteinte.

Ainsi, le mètre cube de chaux éteinte reviendra à $34^{fr},60$

1 mètre cube de mortier coûtera donc 2/5 de mètre cube de chaux éteinte	fr.	13 84
1 mètre cube de mortier coûtera donc 3/5 de sable à $3^{fr},50$ le mètre cube.	fr.	2 10
Main-d'œuvre	fr.	0 75
	fr.	16 69

Comme il y a contraction des matières de 1/4, ce chiffre de $16^{fr},69$ représente le prix des 3/4 du mètre cube de mortier.

Donc, le prix du mètre cube de mortier est de : $16,69 + 4,17 = 20^{fr},86$. Soit : 21 francs.

Béton. Pour faire le béton, on prend 1 de mortier et 2 de gros gravier.

1/2 de mètre cube de mortier.	fr.	7 »
2/3 de gravier à $3^{fr},50$. . .	fr.	2 76
Main-d'œuvre.	fr.	1 »
	fr.	10 76

Il y a encore réduction du quart dans le volume, de manière que le mètre cube de béton coûtera $10^{fr},76 + 2,69 = 13^{fr},45$.

PRIX DU MÈTRE CUBE DE BITUME.

1/2 mèt. cub. de bitume en nature, à 290 f. le mèt. cub.	fr.	145
1/4 mètre cube de gravier choisi à 4 fr.	fr.	2
Main-d'œuvre et combustible	fr.	5
	fr.	152

PRIX DU MÈTRE CUBE DE BOIS.

Nous avons établi à 70 francs le mètre cube d'après des données exactes sur les prix actuels des traverses des chemins de fer des États Sardes.

Quant aux prix des autres objets compris dans les devis, ils s'expliquent d'eux-mêmes, sans qu'il y ait lieu à des notes supplémentaires pour leur intelligence.

POST-SCRIPTUM.

La moyenne du revenu kilométrique des chemins de fer sardes s'est élevée, en 1856, à 26,000 fr. en chiffres ronds. Le chemin de fer de Voltri et celui de Biella, qui ont ouvert, le premier en avril, et le second en septembre, et le Victor-Emmanuel, qui appartient à la Savoie, ne sont pas compris dans cette appréciation. Le revenu du chemin de fer de Biella ferait descendre la moyenne précédente, mais celui de la ligne de Voltri, qui présente elle-même un revenu kilométrique d'environ 25,000 fr., ne la modifierait pas sensiblement.

La moyenne du revenu kilométrique des chemins de fer français a été, en 1856, de 48,000 fr. en chiffres ronds.

Le chemin de fer royal de Gênes à Turin, la meilleure ligne des États Sardes, a donné, comme nous l'avons déjà dit, un revenu kilométrique de 35,000 fr. (1846).

Mais la meilleure ligne française, Paris à Lyon, sans tenir compte du chemin de fer de ceinture de Paris, dont le revenu kilométrique ressort à près de 81,000 fr., a produit, même année 1856, plus de 74,000 fr., c'est-à-dire plus du double de la ligne piémontaise.

Enfin, le chemin de fer de Lyon à la Méditerranée, qui, par ses conséquences géographiques, peut être considéré comme la ligne de France similaire de la grande artère des États Sardes, a produit près de 57,000 fr.

Ainsi nos appréciations de l'introduction, qui avaient trait à l'année 1855, subsistent encore dans toute leur étendue à l'égard de l'année 1856.

FIN.

TABLE DES MATIÈRES.

FIN DE LA TABLE DES MATIÈRES.

CORBEIL. — Typ. et stér. de CRÉTÉ.

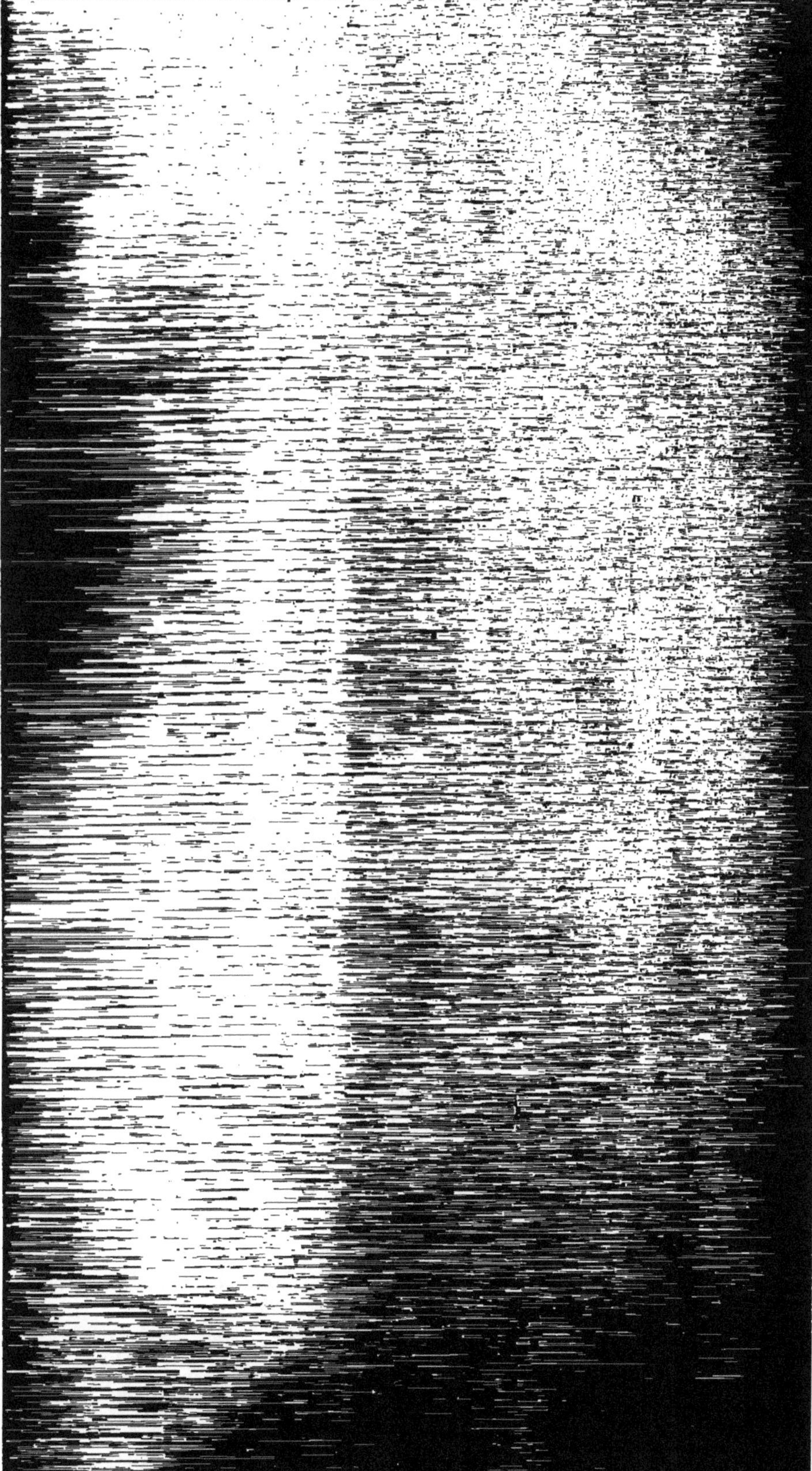

CORBEIL, TYP. ET STÉR. DE CRÉTÉ.

www.ingramcontent.com/pod-product-compliance
Lightning Source LLC
Chambersburg PA
CBHW072315210326
41519CB00057B/5088

* 9 7 8 2 0 1 9 5 4 0 0 4 3 *